京都宇治原子炉

――世界初の反原子力住民運動の記録

推薦の言葉
宇治原子炉計画の背景と本書の意義

安斎　育郎

京都大学が原子炉施設について予算要求をしたのは一九五四年で、原子炉用建物建設費として三〇〇〇万円の予算がついたのが一九五六年だった。翌一九五七年一月九日、宇治が原子炉建設の第一候補となり、その年の八月二〇日に「宇治放棄」が決定されている。

一九五四年と言えば、三月一日にアメリカが米ソ核軍拡競争の中で、中部太平洋のビキニ環礁において一五メガトン（第二次世界大戦で使われたすべての砲爆弾威力総量の五倍に相当）という水爆実験を行った年で、無線長の久保山愛吉さんが犠牲になった第五福竜丸を始め、日本のマグロはえ縄漁船など多数が「死の灰」を浴びた。驚くべきことに、このビキニ水爆被災事件が日本国民に知らされる前に中曽根康弘改進党代議士が国会に原子炉築造予算二億三五〇〇万円（ウラン２３５に由来する）を提案し、成立させたことだ。実は前年の一二月、アメリカのドワイト・アイゼンハワー大統領が国連で「アトムズ・フォー・ピース」（平和のための原子力）演説を行い、ソ連の原水爆開発やイギリスの原爆開発によって核独占が破れた状況下でアメリカ主導の新たな原子力国際管理戦略に乗り出していた。中曽根氏はその年、ヘンリー・キッシンジャー（後の大統領補佐官）が取り仕切るハーバード大学での「夏季国際問題セミナー」に参加し、アメリカの国際原子力戦略への理解を深め、原子力研究に慎重な日本の学界を政治の力で変えてアメリカ主導による原発導入を推進することを決意していた。ビキニ事件による反核・反米の嵐と対抗する形で、読売新聞社主の正力松太郎らがアメリカ国務省やＣＩＡと連携して「原子力平和利用博覧会」を組織し、日本への原子力導入を声高に推進していった。この時期、学界も含めて日本における原子力研究・開発の黎明期であった。

日本学術会議はビキニ事件後の一九五四年四月二三日、第一七回総会でいわゆる「自主・民主・公開」の原子力平和利用三原則を声明し、その精神は翌一九五五年に制定された「原子力基本法第二条」に反映されてはいたが、宇治原子炉計画が持ち上がった一九五七年一月と言えば、その年の六月一〇日に「原子炉等規制法」が成立する前のことで、原子力の扱いについて日本では極めて未熟な時期に当たった。

宇治原子炉計画が地域住民と科学者の共同によって半年余りという比較的短い期間で決着をみたのは、この時期がまだ原子力開発の黎明期で、頑迷な原子力共同体が未完成だったことにもよるだろうが、何よりも地域住民が科学者とも共同して原子炉の安全性を問い、宇治茶生産の危機感を一つに反対運動を繰り広げたことが主要な力となったに相違ない。

この世界史の一コマとして書き残すべき史実を、詳細な事実に基づいて記録した本書が福島第一原発災害一〇年目に世に出ることに、格別の意味を感じる。

（あんざい　いくろう・立命館大学名誉教授、原子力工学）

推薦の言葉

梶川　憲

「宇治に研究用原子炉をつくる計画があった」一九五七年、六四年前の話である。衆議院でも審議され、歴史上初の住民による原子炉設置反対運動を掘り起こした本書は、宇城久地区労議長（当時）の本庄豊さんから紹介を受け、興味津々になりました。とくに、その運動と呼応して、当時の地域労働運動が大事な役割を果たしたことに感動すら覚えています。

一九五七年一月八日、「地評（当時）常任幹事会、研究用原子炉敷地問題について、地元市民の考えを十分聞くよう要求することを決定」（京都府労働経済研究所編「京都労働運動史年表」より）。現在、京都総評の書架にはこの記録が残されています。また、『朝日新聞』が、「地評では、第一候補地が宇治に決る直前の八日、常任幹事会を開き地元市民の意見を聞かずに一方的に決めるのは不可解だとして、市民の意見とかけ離れた設置、運営のやり方をしないよう地元の考えを十分に聞くこと、設置にともなう市民への影響をはっきり示すことを設置準備委員会、文部省に要求することを決めた。さらに一八日京都で開いた総評関西ブロック共闘会議でも大阪、京都、兵庫など各地評代表が「完全な放射能防御ができる」と京大、阪大その他専門学者の意見が完全に一致するまで、宇治にしろ舞鶴にしろ設置に反対することを決議。原子炉対策特別委員会を設けることを申合せ、場所を問わず今の段階では賛成できぬとしている」と報道していたことも知った。先頭で旗を振るだけが運動ではない。当時、京都の労働者を総結集していた地評が、「住民の声を聴け」

と叫んだことの重みは、「どちらかというと〝賛成〟色が強い（『朝日新聞』）」京都・宇治の空気を、どれほど揺さぶり、運動を後押ししたか。宇治市会議員としてこのたたかいに身を置いた藤井治男市議が南山城地方労働組合協議会（地労協）の初代議長であると知り、本書の著者のひとりである本庄さんと、私たちの役割の大きさを話し合いました。

どんなときも、労働者と住民の立場から臆せず政治にものを言う、その姿を、当時の熱い記録に見ました。東日本大震災と福島第一原発事故から、「原発なくせ」の声が首相官邸を包みました。

一人ひとりの市民が声をあげ、政治に迫る——新しい市民運動の始まりの予感を抱きつつ、私も一人の市民として首相官邸デモのなかに居ました。同時に、こんな時に、組織された労働運動がどんな役割を果たすのか、大きな課題を実感していました。当時の記録が鮮明にその答えを示していると思いました。私の社会人スタートの地（宇治城陽久御山地域）で出会った歴史の事実を描いた本書に、驚きをもって注目しているところです。

（かじかわ　けん・京都地方労働組合総評議会議長）

まえがき

二〇一一年三月一一日午後二時四六分、マグニチュード九の東北地方太平洋沖地震が発生した。震源は宮城県牡鹿半島の東南東沖一三〇km（北緯三八度〇六・二分、東経一四二度五一・六分、深さ二四km）であった。この地震による津波で福島県双葉郡大熊町から双葉町にまたがる東京電力福島第一原子力発電所の一～四号機は全交流電源を喪失し、一～三号機は炉心溶融（メルトダウン）の結果、原子炉は爆発、大量の放射性物質が広域に漏洩・飛散するといった世界最悪の原発事故が発生する。

東日本大震災による直接死は一万五，八九九人、行方不明者二五二八人（二〇二一年三月九日警察庁）、震災関連死は三七六七人（二〇二〇年一二月二五日復興庁）に達している。

当時、被災地から遠く離れた京都の地で、この国はどうなるのだろうといった得体の知れない不安とともに、仙台市に居住していた長男家族の安否確認に胸が高鳴っていた記憶がある。幸い長男家族は生後六か月の孫も含め、全員無事であった。

二〇一一年三月末か四月初め、近所にお住いの岩崎弘さんより一九五七年二月二一日の衆議院科学技術振興対策特別委員会の議事録の一部をいただく。そのさい、岩崎さんは「自分の親父（岩崎実成）が五〇年程前に木幡にできる原子炉設置計画に対して反対運動をしていた。京都大学の湯川秀樹さんのところへも抗議に行ったと聞いている」とうかがった。

議事録には宇治原子炉設置反対期成同盟（以下「反対同盟」）幹事の川上美貞の原子炉設置反対陳述が記述されていた。そこで半世紀近く前の出来事を調べることとした。当時の新聞記事をコピーして、時系列で何が起こっていたのか把握することからはじめた。京都府資料館（現在、京都府立京都学・歴彩館）や京都府精華町にある国会図書館関西館に行きマイクロフィルムで保管されている当時の新聞記事を読み、関連記事をコピーした。

その間、勤務の都合での中断もあったが、退職後は主に国会図書館関西館で関連する書物などを読みすめるうち、宇治に設置予定であった研究用原子炉反対運動の全体像が見えてきた。

二〇一八年秋に立命館宇治中学・高校の本庄豊先生とお会いし、「宇治原子炉設置反対運動史研究会」を結成。研究会では一九五七年に衆議院で意見陳述をした川上美貞の手帳を孫の山口利之さんより預かることができ、克明に記載された行動の詳細からは当時の反対運動の姿を垣間見ることができた。

研究会は二か月ごとに開催された。二〇一九（令和元）年五月一九日には、地元の宇治市木幡地域福祉センターで「木幡の原子炉設置予定地を歩く」を開催。五〇名以上の参加で反対運動の説明ののち設置予定地周辺などをフィールドワークした。この間、当時宇治市会議員をしておられ、三六歳で急逝された藤井治男氏の二女・石原浩美氏に出会え、貴重な写真の提供を受けることができ、その後の関係者への聞き取りにも同行いただいた。

資料収集をしている最中の二〇二〇年春、新型コロナウィルスのパンデミックのため図書館も閉館となり、やむを得ず既存の資料の読み直しに時間を費やしたが、再発見した事象がいくつもあった。

一九四五年八月六日に広島、同九日には長崎に原爆投下。一九五四年三月一日、太平洋上のビキニ環礁で

まえがき

の水爆実験により日本のマグロ漁船乗組員が被曝。これらはアメリカ合衆国政府の行為による日本人の犠牲である。しかし、二〇一一年三月一一日の東日本大震災での東京電力福島第一原発メルトダウンによる被害は、東京電力と日本政府の原子力政策の誤りにより引き起こされたものである。事故当時、マスコミは、東京電力や政府の責任を免罪するかのように「想定外」という言葉をもてはやした。原子力という「未完」の科学技術を「未完」のまま放置した結果の「想定外」の事故。自らの責任を認めずいままた原発再稼働に突き進む日本政府。

本書は、六四年前に世界で初めて住民運動によって原子炉設置計画を断念させた先人たちの果敢な奮闘に敬意を表するとともに、東日本大震災により大きな被害と犠牲を被った人びとへ思いを馳せ、日本と世界から原発をなくすため取り組むあらゆる人々との連帯を表明するものである。

目次

第八章　宇治原子炉異聞　149

寄稿

資料

序　うちらの街に原子炉が来る

本庄　豊

コロナ禍のなかで

二〇二〇年二月に立命館宇治中学校三年生社会科公民学習で「うちらの街に原子炉が来る」と題して授業を実施した。その直後、新型コロナ拡大を受けた安倍首相の突然の全国一斉休校要請により、授業後の検証作業ができなくなった。この一斉休校は科学的知見なしの独断だったことが「新型コロナ対応・民間臨時調査会」（委員長＝小林喜光・三菱ケミカルホールディングス会長、政府規制改革推進会議議長）などにより明らかにされた。筆者は休校後、そのまま自動的に定年退職となり、中途半端な実践になってしまった。

仕切り直しもできないまま半年が過ぎ、コロナ感染の第二波、第三波も起こるなかで、オンラインとなった理科系の学生の多い立命館大学の講義「教職概論」（二〇〇〇年九月末〜〇一年一月）において、再度「うちらの街に原子炉が来る」を実施することにした。受講学生は四五人でほとんどが一回生。大学に入学したものの、入学式もなく、学校への入構は禁止、教員や学生と出会うこともなく、もちろんクラブにも入っていない。

一五時間の講義をすべてズームでのオンラインとし、学生のスピーチと感想文、教員のオンライン講義で構成することにした。

九月末からの講義は次のような順で実施することにした。学生は九人ずつ五グループに分け、毎時間二グループにオンラインによる感想文提出を課した。

一時間目　教員の自己紹介
二時間目　人権教育　「大阪なおみさんが伝えたかったこと」
三時間目　平和教育Ⅰ　「政権による学術会議任命拒否問題」
四時間目　平和教育Ⅱ　「ＮＨＫドラマ「太陽の子」から学ぶこと」
五時間目　平和教育Ⅲ　「うちらの街に原子炉が来る」
六時間目　多文化共生Ⅰ　「ブラジル日系人の歴史を教科書に」
七時間目　多文化共生Ⅱ　「アメリカ大統領選挙に見る社会の分断」

大学では文系学部が他キャンパスに移ったり、理系学部が新設されたりして、半分以上の学生が理系となっていた。そのためか、歴史的背景や社会的背景などを前提知識としてではなく、新たに提示しなければならない場面が多くなり、慣れないオンライン講義に戸惑うことも重なり、当初は困難な局面もあった。

二時間目は人権教育ということで、二〇二〇年の全米オープンで優勝した大坂なおみさんが、人種差別に反対して被害にあった黒人名を書いたマスクをつけたというテレビニュースを見せ、新聞記事などを読みながら、人権とは何かについて考えるよう構想した。同世代の大坂選手を登場させることで、より身近に感じてくれることを期待したが、日本国内における差別についての認識が浅く、悪い意味で意表を突かれた。彼らにとっては差別は身近にはない、文字通り「他人事」なのであった。ヘイトスピーチやアイヌ、沖縄差別、日系人問題などに言及する学生はほとんどいない。だからこそ、「知らない」ことを前提に授業を構成する必要性を切実に感じた。

日本学術会議任命拒否問題と学問の自由

日本学術会議が推薦した委員の任命を政権側が拒否したという前代未聞の事態は、マスコミ報道もありほとんどの学生が知っていた。ただ、その詳細な内容を詳しく理解していたかはかなり疑問である。自分の所属する大学の法学部の教員が拒否された一人であるにもかかわらず、関心は薄かった。任命を拒否された六人は、いずれも安保法制を批判した社会科学系・人文科学系の学者であった。学会はこぞって反対声明を出すなど、任命を求める運動は大きく広がった。

三時間目の授業では、任命拒否の理由について説明しようとしない政府の対応を批判したテレビ「サンデーモーニング」の内容を動画で紹介し、「ネットではフェイクが流れているので、気をつけてこの問題を吟味してください」とコメントをつけたが、教員である筆者と学生との温度差は、感想文の内容に如実にあらわれた。

「今回の六人の任命拒否について、理由を本人に通達することが必要だと思います。推薦されたからといって一〇〇%任命されるという保障はないわけで、拒否されるというのはあり得ることです。しかし、理由もなしに拒否されると納得がいかないと思います。そして、任命拒否の理由は不明なのに、政府批判の学者だから拒否したかのように誘導するニュースをマスコミは製作しています。政府が説明をしないままだと、こうした不正確な情報が独り歩きしていくでしょう。今回の件では、できる限り説明をして欲しいと思います。

日本学術会議は、内閣府の特別機関でありながら、二〇一〇年以降に提言や要望、答申といった政治に対する反応を全然示していません。ニュースで話題になるまでその存在を知らなかったので、調べてみたところ、答申は、二〇〇七年の答申以降全く行われておらず、勧告も二〇一〇年の一件のみで、それ以降行われていなかった。活動的だった一九〇〇年代にこのような任命拒否があれば、学問に対する挑戦と捉えることもできるが、これだけ政治に対するフィードバックが少ないのであれば、自由の侵害とは言えないと思います。それどころか、存在意義を問われるレベルだと考えます。」

こうした感想文に対して、教員は「諮問があれば答申します。諮問がないので答申しないのはある意味当たり前かも。提言はたくさん学術会議はやっています。よく調べてくださいね」とコメントした。それにしても、学生と教員の認識の隔たりにかなりの危機感をもったのは事実だ。一方で政権を批判する感想を寄せる学生もいた。ただ、両方の学生とも「説明はしっかりしなければならない」という点では一致していた。

そもそもなぜ「学問の自由」が憲法に明記されたのかについて、理系学生ではあっても、いや理系学生だからこそ歴史的に学ばなければならないのではないかと考えた。当初は現代の原発問題についての授業だったのを、ドラマ「太陽の子」を教材として実施することにした。

科学技術神話をどう克服するか――原発をめぐって

四時間目の授業タイトルは「ドラマ「太陽の子」から考える――科学者と政治　なぜ学術会議が戦後できたのか?」とした。副題を「科学者と政治」とし、理系学生たちの興味をひくように構成した。

「太陽の子」は敗戦七五年目の二〇二〇年八月一五日にNHKで放送されたドラマである。見ていない学生のために、予告編を動画で鑑賞させ、サイトからのドラマ紹介と教員のコメントで概要をつかめるようにした。出演している三浦春馬の自殺などもあり、話題となった作品で、科学と兵器、戦争と平和、政治との距離など、さまざまな切り口のあるドラマである。

大まかな内容は以下の通り。

第二次世界大戦末期、京都大学の物理学研究室に海軍から下された密命は、核分裂のエネルギーを使った新型爆弾を作ること。核エネルギーの研究を進める一方で、科学者として兵器開発を進めていくことに苦悩する研究者たちの姿を描く。柳楽優弥、有村架純、三浦春馬ら、人気俳優が戦争に翻弄された若者たちを演じる。

【あらすじ】太平洋戦争末期、京都帝国大学の物理学研究室で原子の核分裂について研究している石村修（柳楽優弥）は、海軍から命じられた核エネルギーを使った新型爆弾開発のための実験を続けていた。空襲の被害を防ぐための建物疎開で家を失った幼なじみの朝倉世津（有村架純）が、修の家に居候することになる。そこに修の弟の裕之（三浦春馬）が戦地から一時帰宅し、久しぶりの再会を喜ぶ。爆弾開発の実験がなかなか進まないなか、研究室のメンバーは研究を続けていくことに疑問を持ち始める。そして、裕之が再び戦地へ行くことになったやさき、広島に原子爆弾が落とされたという知らせが届く。研究者たちは広島に向かい、そこで焼け野原になった広島の姿を目撃するのだった（https://www.nhk.jp/p/ts/N84926PNYG/）。

学生たちは次のように感想を綴っている。

「感想を一言で表すと「疑念」ではないかと考える。自分の言っている行動が果たして正しいのか、逆に要らないことやかえって相手を傷つけることになるではないかと悩む物語である。主人公は自分が開発している原爆について深く追求していた。最初は国のためと思って研究をしていたが、時が進むにつれ、この開発に疑念を持ち始めてしまった。」

「常識と思っていることを疑うことこそ科学への一歩なのだと思います。彼らが卒業後就職することになる企業や研究機関などが求めることと、自分の行動との乖離・矛盾をこの学生は「疑念」という言葉で表現したのだと思います。」

「今回の平和学習を通して、自分たちと変わらない年代の若者が戦争に行っていたり、戦争に使われる兵器を作らされていたことに衝撃を受けた。日本に原子爆弾が投下されたのは知っていたが、日本でも同じような兵器を作ろうとしていたこと、またそれに理系大学生の若者が関与していたことが信じられなかった。当時兵器を作る研究に関わっていた大学生の気持ちになると、戦争には行かないけれどそれと同じかそれ以上に辛いことだと思った。」

「我々は日本だけがこんなひどい目にあったと考えているように思われますが、韓国の慰安婦もそうですし、東南アジアも日本が奴隷に使っておきながら、歴代総理大臣はそのことを謝りにすら行っていないという、このような事実も伝えるべきだと思っています。子どももちろんそうですが、大人がこの問題は日本の重大な問題だと認識し、これを改めて学び、伝えていくという認識が欠けているというのが問題だと思います。」

オンライン講義「うちらの街に原子炉が来る」

五時間目はパワーポイントを使い、「うちらの街に原子炉が来る――考えてみよう脱原発のライフスタイル」というタイトルを冠した授業を実施した。概要は以下の通りである。

一ページ目（表紙）には、ゴジラと鉄腕アトムのポスター、京都大学宇治実験用原子炉建設予定地の京都府宇治市の地図を張り付けた。

二ページ目は、船内感染の広がるダイヤモンドプリンセス号の写真と『共同通信』（二〇二〇年二月二〇日）の「ニューヨーク・タイムス紙も「日本政府の対応は、公衆衛生危機の際に行ってはならない対応の見本」と批判する専門家の意見を紹介。政府は一貫した情報を発信できておらず、検疫への信頼性を損なっているとした」という記事を載せた。新型コロナウィルス感染の広がりでオンライン授業を受けざるを得ない学生たちに、科学と政治について考えてほしいというメッセージを込めた。

三〜四ページでは、東日本大震災に伴い発生した福島第一原発事故の写真と被災した地域の地図を紹介し、「東京二三区と同じ大きさ」とのコメントを入れた。五ページ目には無人の街に掲げられた「原子力明るい未来のエネルギー」の標語、六ページ目には増え続ける汚染水のタンクの写真、七ページには新聞記事「汚染水、制御しきれず」を貼り付けた。

八～一〇ページでは、原発事故の汚染水（処理水）について、政府の原子力規制委員会の責任者は「希釈して海洋放出する他に選択肢はない」、大阪市の松井市長は「大阪湾に放出する可能性がある」など政治家の意見を紹介した。これも科学と政治というテーマを意識して作成した。

一一ページでは一転して過去へ。『茨城新聞』の一九九九年一〇月一日付記事。「東海村　核燃料施設で臨界事故」を見せ、「東京大学は原発開発のための実験用原子炉を東海村に建てていたのです」というコメントを入れた。一二ページではイラストを示し原子炉のしくみを説明。「今から六〇年くらい前、東大は茨城県東海村に、京大は京都府宇治市に実験用原子炉を設置しようとしていた」と話した。

一三～一四ページでは『京都新聞』の記事「実験用原子炉　宇治に建設」、一四ページでは茶業者による宇治市議会への反対要望書、一五ページには茶畑の広がる宇治市の地図を載せた。これらは本書のメイン執筆者・玉井和次さんの調査に学びながら作成した。一六ページでは原子炉設置予定地を入れた現在の宇治市の略地図、戦前の宇治火薬製造所と貯蔵庫跡地を載せ、西日本最大の日本陸軍火薬製造所跡地に原子炉を建設しようとしていたこと、この跡地に京都大学理化学研究所が作られたことなどを話した。これも理系学生を意識した教材であった。

一七ページは原発反対を訴え続ける小泉純一郎元首相の言説、一八ページは日本政府（安倍晋三首相）・企業の原発輸出計画が頓挫していった一覧表を示し、「日本は福島原発事故後も原発を開発・輸出しようとしていた」のだとコメントを付した。

一九ページは、「日本の原発推進のリーダーは、元特高警察官僚・正力松太郎（読売新聞社主）と中曽根康弘代議士（のち首相）だったこと、正力の要請を受け、政府の組織、原子力委員会の委員に就任したのが、ノーベル物理学賞を受賞した京大の湯川秀樹博士だったことを写真入りで紹介。

二〇ページでは、「ちちをかえせ　ははをかえせ」で始まる、峠三吉の『原爆詩集』の序詞を載せ、「朝鮮戦争でのアメリカの原爆使用計画に反対して書かれた」とコメントを付けた。峠三吉は目の前の国際政治に詩人として発言したのだということを強調したかった。

二一ページでは、「一九五四年三月一日、ビキニ環礁でアメリカが史上初の水爆実験を成功させる」というタイトルを入れ、被爆した第五福竜丸の写真やマグロの不買が起こったことなどを示す写真を掲載した。二二ページでは、ビキニの事件を知った日本と世界で原水爆禁止運動が広がっていく様子を紹介、二三から二八ページではまるで原水禁運動に対抗するように日本各地で「原子力の平和利用展」が開催されていく新聞記事やポスターなどを載せた。広島の原爆資料館で開催された原子力博覧会を見たある被爆者は、「私たちは原爆と聞いただけでも心から憤りを感じますが、会場を一巡してみて原子力がいかに人類に役立っているかがわかりました」と感想を述べていることなどもコメントした。

二九ページでは、原発がもたらす大量の電気は、大量生産・大量消費というアメリカ型社会の前提となったことを、消費大国アメリカの写真をもとに紹介した。三〇～三八ページでは、放射能を吐き出す映画「ゴジラ」から原子力を動力とするテレビアニメ「鉄腕アトム」への原爆イメージの変化について写真・ポスターなどを掲載した。「湯川秀樹さんも、アトムを描いた手塚治虫さんも、その後は原発についての姿勢を変え、警鐘を鳴らすようになった」というコメントも入れておいた。また、立命館大学元副学長の岩井忠熊さんの妻の父が宇治の茶業者のリーダーとして、京大の実験用原子炉建設反対運動を担ったことも話した。

三九から四六ページでは、「私たちにできること」というタイトルで、「さまざまな情報に騙されない。自分で考える」「自然エネルギー、再生可能エネルギー社会へのシフト」「日常生活のなかで省エネルギー生活を」などの項目で質問も入れて具体的にイメージできるように語った。

以下、学生の感想である。

「昔は、原子炉がくることで、国から補助金が出されるので、どちらかといえば歓迎していたそうですが、今は不幸な事故があったことで恐怖、マイナスのイメージが根づいたと思います。再稼働すべき、原発には頼らざるべき、と二つの意見に分かれるのは長期的にみるか、短期的にみるかで分かれていると思います。短期的にみれば良い事ばかりがみえ、長期的にみれば悪い事ばかりがみえてくるからです。「よりよくするために」という根底の考えは同じだと思うので、私にはどちらも悪い意見にはみえませんでした。

ゴジラやアトムは長い間親しまれているキャラクターですが、まさか原爆や放射能をモデルにしているとは知りませんでした。知らず知らずのうちに戦略によってできたものが世の中に浸透していることは、すごく怖く恐ろしいものだと感じました。戦時中でも、戦争にマイナスイメージを持たせないために、教科書から排除していたと社会の授業で学びました。私たちの生活の中に違和感なく入り込むことができるのは、ある種の洗脳だと言えると思います。」

「私はこの問題をもっとマスメディアが報じるべきである。今回の福島の汚染水の問題についてもそうであるが、こういう問題こそわれわれ国民がもし自分たちの街に来たらということで考えていくべき問題なのではないだろうか、我々はもちろん自分たちで情報を得なければならないし、自分たちで考えなければならない。しかし、今や多くの人が見ているであろうテレビでこのような機会がまず少ないというのは問題ではないかと思う。もちろん、タイムリーである話題について流したり、世間一般で問題となっていることを流すのは当然である。しかし、あまりにも平和や戦争、原子力などや、それの被害について今どういう状況に置かれているかなどそういうことを報道しなさすぎではないか、また正確な事実を伝えようとしなさすぎではないかと思う。私はもう少し報道の在り方を考えるべきだと思うし、他県のことだし自分たちには関係ないと思ってはならない。とにかく事実を伝える報道をしてほしい。もう汚染水をどうするかという問題に対しては今から取り組まなければ時間がない、そういうことを伝えるべきだし、この問題を国民で考えていき、それぞれが少なくとも意見を持つようになるべきだと思う。」

「今回平和教育について学んで感じたこととして、今戦争であったり原発などの被害を自分たちがあまり考えずに生活できることがどれだけ幸せなことなのかが感じることができた。私自身二〇一一年は宮城県に住んでおり、身近に原発について考える機会が多くあったが、今でも原発の避難勧告が出た地域は時が止まったままであり、二時四六分で止まってしまった時計であったり、水を出せば濁っているなど身近には考えることができないことばかりである。もしも、自分たちの町に原発ができてしまったらこういったことが起きる恐怖を常に感じながら生活しないといけない。これを考えただけでも物凄く恐ろしいことだと思う。もちろん原子力にだってメリットがある。しかし、デメリットがあまりにも大きすぎると思う。一歩間違えれば人の命を沢山奪ってしまうものである。今、こういったコロナ渦に生きる私たちはいつ何時命を奪われてしまうかが分からない。だからこそ、安易な考えで便利さであったりなどのために、人の命を奪うリスクを高めては絶対にしてはいけないだろうし、福島の原発事故のような大事故が起きてしまった以上人の命であったり大切な思い出がある地域、村を奪ってしまうようなことを起こしてはいけないと思う。

これは戦争についても同じことが言えると思う。一つの原子力爆弾によって多くの命、そして、町を奪ってしまった原子力爆弾。戦争を絶対に許してはいけないだろうし、何よりもそれを絶対にもう一回やってはいけない。これからの世界において命の恐怖に陥れてしまうことは絶対にしてはいけないしそういったことを引き起こしてしまうようなリスクを高めてしまうことを絶対にしてはいけない。そして目先のメリットだけを考えて命を奪うことだけは絶対にしてならない。」

「まだ人間には、完全に扱うことの出来ない危険物質を使うことに関して、私はもう一度考え直してみるべきだと思います。原子力発電の〝効率の良さ〟〝一定のコスト〟〝環境に優しい〟というメリットは確かに大きいでしょう。しかし、予期せぬ事故で汚染物質が漏れ出した時に、人間にも環境にも多大なる影響を与えてしまうことを忘れてはいけません。今、東日本大震災による汚水の廃棄が問題になっています。これは日本だけの問題ではありません。この汚水によって海洋生物に被害が出てしまうことは、地球全体の問題です。この失態を通して、我々人間は原子力発電のあり方を改めなければならないと思います。制御しきれないものを扱うリスクを深刻に受け止めるべきです。また、その危険を限られた人達に押し付ける社会は果たして良いのでしょうか。

中学校の沖縄修学旅行では、沖縄戦争を知ると共に米軍基地について学習しました。飛行機が落下した場所に訪れた後に、現地の人と辺野古の埋め立てを見に行きました。「見てみ。こんな綺麗な海なんやで。魚もよーさんおるに、なんで埋め立てられないかんのや。あんたらだけでも、この海の美しさを覚えとってくれよ」と、海を見渡しながら現地の方がお話しされていたことを、今でも鮮明に覚えています。〝自分達にはあまり影響のない場所へ〟と、見て見ぬ振りをしてしまっている現代社会に私は憤りを感じます。原子力発電のおかげで不自由ない生活が出来ています。米軍基地によって、日本の防衛にも繋がっているでしょう。しかし、いざ自分に影響があるようになれば文句を言って、限られた人に任せてしまう。あまりにも無責任なのではないでしょうか。私は、一人一人が責任感を持ち、日本全体で考えなければいけないと思います。

私は東海村に原子炉があるということと、宇治に原子炉が建設予定だったこと、どちらも今回の授業を受けるまで知りませんでした。東海村に「東海村は日本一危険な村です」と書かれた看板が立てられている写真を見て、どういう意図で立てられたんだろうと思いました。原子炉をなくしたいという気持ちで立てているのなら、キャッチーな看板で説得力はあると思います。私も村の住民の近くに原子炉はあるべきではないと思います。この村に住む人たちはこの看板をどう思っているのでしょうか。こんな看板が立ってる村に住みたいと思うでしょうか。もし同じことが宇治でも起こっていたら、もちろん嫌だと思います。私は東海村と同じような看板を立てたりしなくても良いように、正しい理解を深めて原子力について学ぶべきだと思いました。

私は原発には反対の気持ちが大きいのですが、原発の設置に賛成の意見、とてもわかります。やはり、原子力の力は大きくてそれだけで大きな電力を生み出せるのでしょう。絶対に放射線が漏れないと決まっている原発があるのであれば間違いなくたくさん作ってくれと意見を言うと思います。しかし、この世に絶対はありません。現に、福島の原発は、震災で大量の放射線が漏れてしまいました。おそらくですが、この震災の前は多くの人が、原発は万が一が怖いけれど、まあ安全だろうと思っていたと思います。それは、政府による運動で、原子力はすごいんだという意見を強く国民に植えつけていたのではないかと思うからです。実際、福島県の町の標語に「原子力　明るい未来の　エネルギー」というものがあったくらいです。これがすごく怖いなと感じました。政府にはメリット、デメリットをしっかり述べて欲しいのです。今の時代、インターネットに蔓延する情報のほとんどが、その信頼性がありません。自分で数ある情報の中から真偽を見極めないといけません。そうなってくると、やはり、政府の言葉にはしっかりとしたメリット、デメリットの確かである情報が欲しいです。」

「東日本大震災の時、私は小学校四年生だったので、正直福島第一原発事故に関してそれほど関心がなく、その事故がどれほど重大なものなのかも理解できていませんでした。しかし、事故から時間が経つに連れて学校教育内での平和教育学習に加えて課外での平和に関する学習も進み、私自身の核を利用した原子力発電や核爆弾に対する理解や疑問が深まったことによって、核利用について考える機会が増えました。資料中で紹介されていた宇治市への原子炉建設問題は今回初めて知りましたが、もし建設されていたら今どうなっていたのだろうかと考えてみました。福島第一原子力発電所での放射能漏洩事故を受けて、現在では原子炉を建設することのリスクを分かっている人が多いと考えられるので、もし今宇治市に原子炉が建設されていたら、多くの人が移住を考えたり、原子炉の取り壊しを求める運動が起こっていたのではないかと考えました。当時、原子炉建設反対運動をした人々の代表が立命館大学に深く関連した人であった点に驚きましたが、その活動に私は感謝したいと思いました。

また、東京大学によってすでに建設されてしまった茨城県の方々はその当時原子炉建設反対運動をしなかったことを後悔しているのではないかと考えました。それに加えて、実際に事故が起こってしまい、立ち退きを強制されてしまった福島県の方々は「どうして自分たちの街に原子炉を建設したんだ」という感情を持ってしまっているのではないかと考えました。それらのことから、これから原子炉などを建設する際には必ず建設による利点だけでなく、起きる可能性のある最悪な事態についても説明をし、そのことに対する対策に関しても具体的に提案する必要があるのではないかと考えました。ただ、私は根本的に原子力発電に関してハイリスクであることもあって反対なので、まず原子炉を建設すること自体に反対です。これからの科学技術の発達を利用して環境に優しい低リスクな発電方法を普及させていくことが必要だと感じます。

話は変わりますが、ゴジラが核によってできた怪獣であり、核利用に反対の姿勢を示している作品だと知り、驚きました。また、鉄腕アトムに関しては核利用に賛成の姿勢であるということも初めて知りました。それらのことからも核は私たちの身近にあり、大きな脅威を持ちうるものだということを忘れないようにしたいです。」

大学での教職概論の授業中の三時間の平和教育で学生たちは何を学んだのだろうか……。「今の時代、インターネットに蔓延する情報のほとんどが、その信頼性がありません。自分で数ある情報の中から真偽を見極めないといけません」というある学生の感想。正確な情報を得て、自らの頭で考えることの大切さを知ってほしいと強く願う。

（ほんじょう　ゆたか・立命館大学非常勤教員）

第一章　宇治に研究用原子炉？

1　文化と茶の里、宇治

わが庵は都のたつみしかぞすむ　世をうぢ山と人はいふなり

小倉百人一首の中の喜撰法師が詠んだ歌である。

京都市の巽の方角、東南に位置する宇治（図1）には、かつて都がおかれ平城京のあった奈良と、平安京のあった京都を結ぶ街道の要衝であった。

飛鳥・奈良時代、渡来人や遣唐使などによって茶は日本に入ってきたと伝えられている。鎌倉時代の一一九一（建久二）年、宋から帰国した栄西（禅宗の一派である臨済宗の開祖）は持ち帰った茶種を九州の背振山（佐賀県）に蒔いた。

その後、栄西の教えをうけた高山寺の明恵が、一二〇七（承元元）年に栄西から贈られた茶を栂尾に蒔いた。やがて栂尾の茶は「本茶」として貴重品となり、南北朝時代頃までは、栂尾茶の「本茶」に対して宇治茶をはじめ他の地域の茶は「非茶」とされた。とはいえ、宇治に茶が入ってきたのも明恵によると伝えられている。
黄檗宗大本山萬福寺の門前（図2）に「駒蹄影園跡」と刻まれた石碑が建つ。明恵伝説を記念したものである。

都賀山乃尾上の茶の木分け植て（栂山の尾上の茶の木分け植ゑて）
あと曽生べし駒濃足影（あとぞ生ふべし駒の足影）
（「宇治市史2（中世の歴史と景観）」）

宇治の人々が茶種を蒔く方法がわからず困っているところ、明恵が馬を畑に乗り入れ、歌を示し、馬の蹄のあとに茶の種を蒔くように促したというのである。

図1　宇治市位置図

その後徳川幕府八代将軍吉宗の代、一七三八（元文三）年に宇治田原郷湯屋谷村の永谷宗七郎宗円は苦労の末、蒸し製緑茶の「煎茶」を作る。この製法が「玉露」につながる。良質な緑茶（抹茶）を作るために安土・桃山時代頃には覆下茶園が作られていた。覆下茶園とは、強い日光を避けるため葦や藁で新芽を覆うことで柔らかな良質の茶葉をつくる方法である。

宗教と茶には深い関係がある。茶には覚醒作用があるが、これが厳しい修行を支えた。とりわけ禅宗の開祖と宇治は深い関係がある。

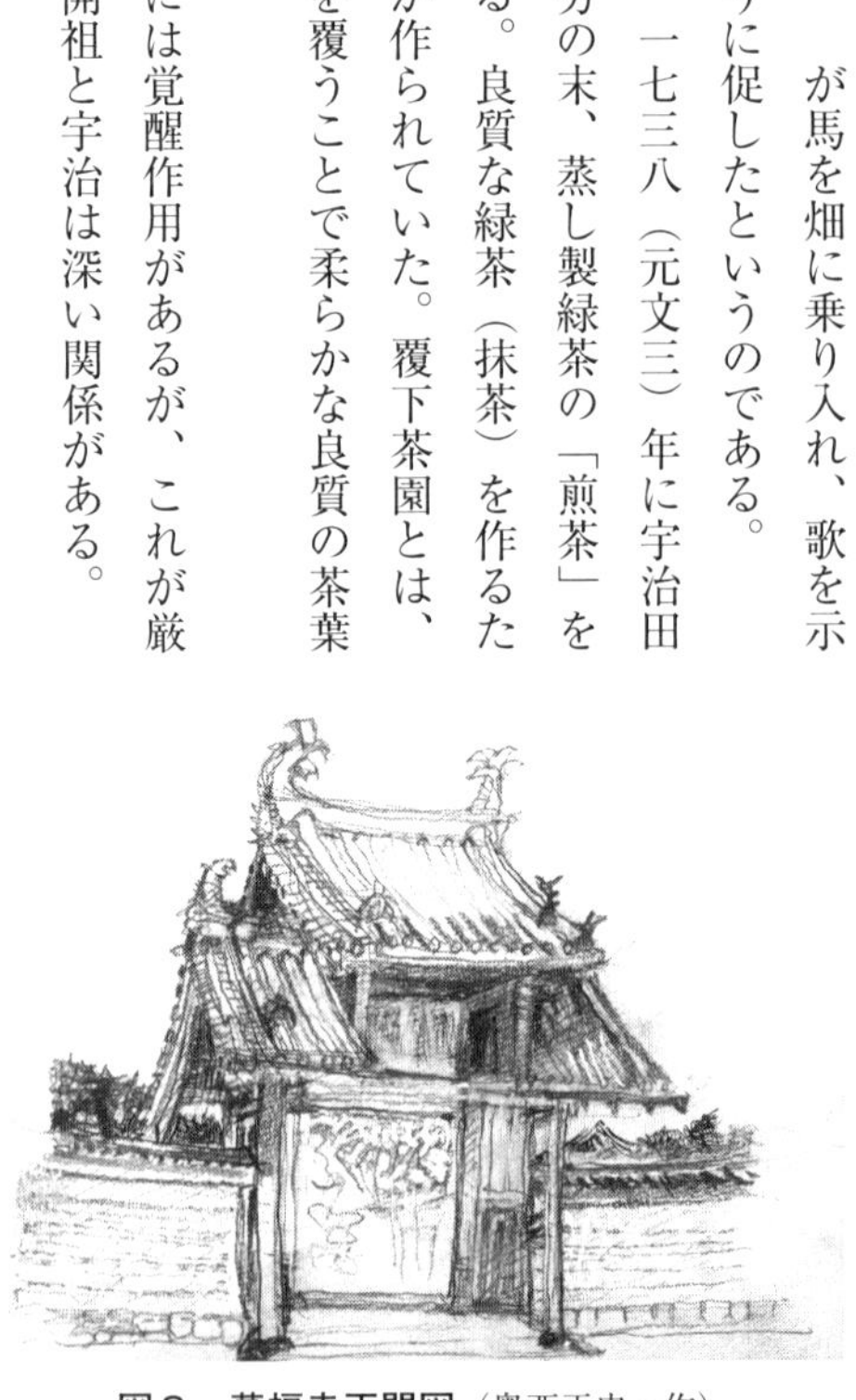
図2　萬福寺正門図（奥西正史・作）

「臨済宗の栄西はわが国にお茶を普及させるもとをつくった人であり、曹洞宗の道元は木幡に生まれ育ったと言われ、そして黄檗宗の隠元はこの地に骨をうずめた人でした。そしてこの禅宗三派はともに茶道や宇治茶を盛んにするのに力がありました。」（岡本望『やさしい宇治の歴史』文理閣）

林屋製茶社長（当時）林屋新一郎の長男・和男（日本茶インストラクター）は「国鉄は当時、奈良線を蒸気機関車で走っていたが、茶園に四月から五月頃葦簀（よしず）と稲わらをかぶせていたので、その近辺を走るときは無煙炭を使い、煙をあまり出さないようにしていたと聞いている」と語っておられた。

過去、国鉄には苦い経験があった。「一昨二十二日午後一時頃府下久世郡宇治村字木幡小字中打なる奈良鐵道線路東側茶園凡そ一町二反歩餘の覆及び茶樹焼失し午後九時頃鎮火したるが原因は多分奈良鐵列車煤烟の為めならんと云ふ」（『日出新聞』一九〇〇（明治三三）年五月二五日付＊「小字中打」とあるが木幡の地名には「中打」は存在せず「中村」の誤植と思われる＝筆者）とあるように、良質の玉露をつくるために茶園に囲いを作り、葦や藁等で茶の木を覆っていたものに蒸気機関車の煤烟が引火した。こうしたことから「鐵道より三百五十園を出し且つ仝社より火防の為め茶園に沿ふたる鐵路五百六十間の間に東側は四間西側は二間の葭簀（よしず）張りの火除を設置する事と為り落着せし」（『日出新聞』一九〇〇（明治三三）年一一月一五日付）とあるように、国鉄は多額の支払いと再発防止策を講じることとなる。やがて宇治を通過する間は機関車は無煙炭を使用していたとされる（図3）。

【注】地元の宇治市立東宇治中学校の校歌（作詞・森田勝治、昭和二六年一一月一日制定）にも歌われている。「三、駒の足影たゆみなく　智徳を修め身を鍛え　郷土の誉かかげつつ　学びの道にいそしめる　栄光の学舎東宇治」。東宇治中学校は、当時反対運動をしていた木幡地域の多くの方が卒業した中学校でもあった。

全国茶生産団体連合会の「平成三〇年茶種別生産実績」によると、京都は茶生産総数は全国四位、玉露生産高は一位（図４）。

図３　宇治橋より上流を望む（奥西正史・作）

「茶は戦後最大の被害」「府下霜害しめて二億五千万円」（『京都新聞』一九五六（昭和三一）年五月三日付）

一九五六（昭和三一）年、宇治茶の生産が盛んなこの地域は霜害により戦後最大の被害に見舞われた。そんな折、翌一九五七年の年初、追い打ちをかけるかのように、突如として研究用原子炉建設問題が起きる。

玉露生産量

県	玉露
京都	123
福岡	55
三重	14
静岡	12
熊本	8
滋賀	2
佐賀	1

茶総生産量

県	茶
静岡	33,400
鹿児島	28,100
三重	6,274
京都	2,939
宮崎	2,749
福岡	1,929
奈良	1,680
佐賀	1,271

図４　国内の茶生産量（単位 t）

2　原子炉設置、「宇治を第一候補地」に決定

一九五七（昭和三二）年一月九日、関西研究用原子炉設置準備委員会（以下、「設置準備委員会」とする）は第三回会合を文部省で開催し、関西に設置する研究用原子炉（図5）の設置場所について京都市伏見区と宇治市木幡(こはた)にまたがる約六万坪の第二陸軍造兵廠宇治製造所分工場跡（図6）を「第一候補地」と決定する。

設置準備委員会は関西地域につくる研究用原子炉の設置について検討する委員会であった（設置準備委員会設立の詳細は第六章参照）。一九五六（昭和三一）年一一月三〇日、次の一五名によって構成された。京都大学四名、大阪大学四名、東京大学工学部長、東京工業大学教授、原子力委員会委員、日本学術会議原子力特別委員会委員長、日本原子力研究所長、科学技術庁原子力局長、文部省大学学術局長で構成され、準備委員長には京都大学教授で原子力委員会委員をしていた湯川秀樹が就任した。設置準備委員会には京都大学と大阪大学の関係者で構成するいくつかの小委員会があった。

翌一〇日付の当時の新聞各紙朝刊は次のような見出しで報道した。

「実験用原子炉宇治に設置　準備委員会で最終結論」（『京都新聞』）
「宇治を第一候補地　関西原子炉　設置準備委で決る」（『朝日新聞』）
「宇治に原子炉敷地　汚染防止・監視機構の完備条件に」（『毎日新聞』）
「関西原子炉の候補地決る　条件付で〝宇治川〟汚染防止と監視の完全」（『読売新聞』）
「宇治市に設置決まる　大学の研究用原子炉の敷地」（『日本経済新聞』）
「宇治に設置本決り　関西の原子力研究所」（『洛南タイムス』）＊『洛南タイムス』は宇治市を含む京都府南部地

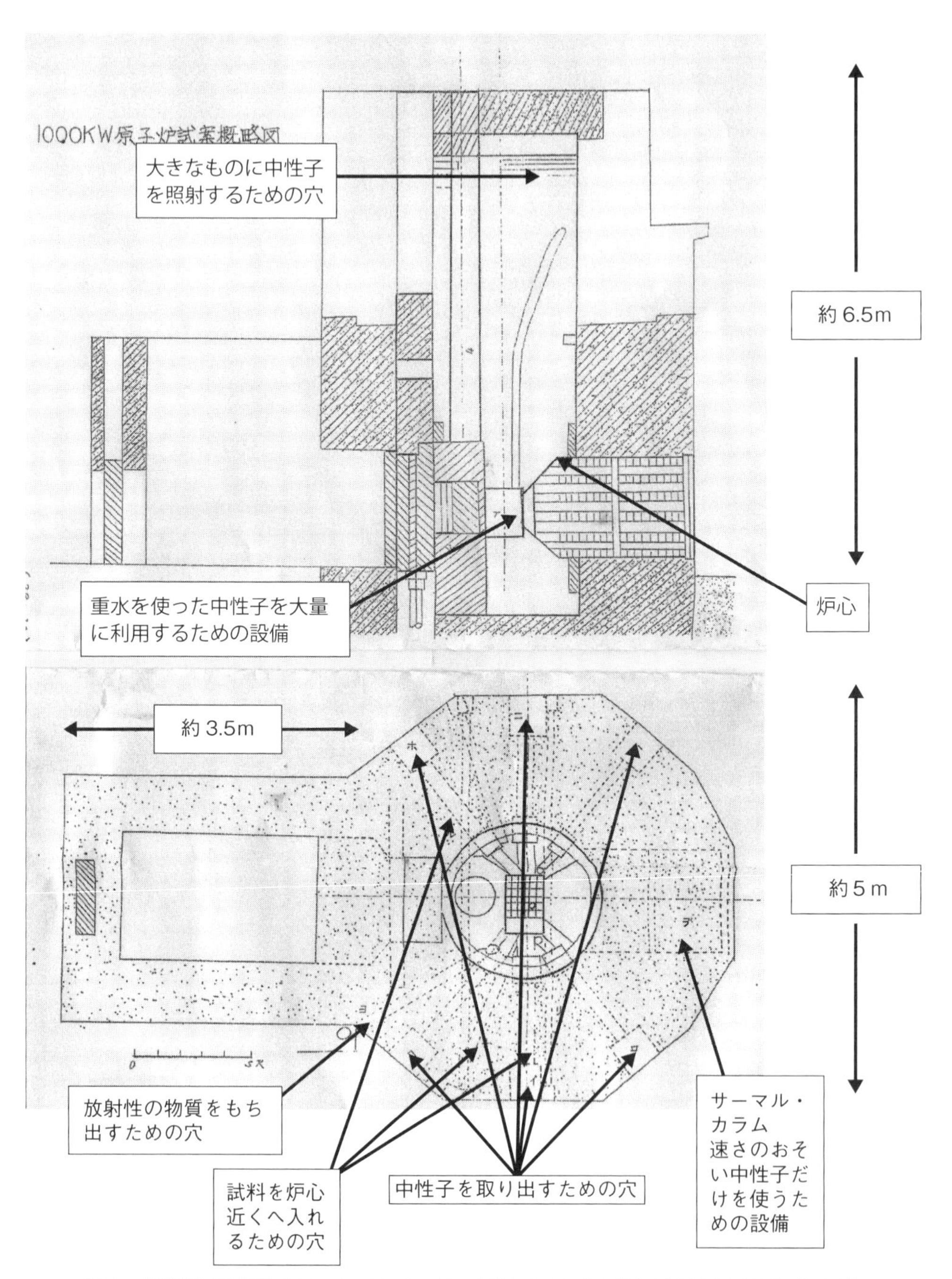

図５　研究用原子炉概略図（1957年９月４日、京都大学と大阪大学が大阪府原子力平和利用協議会に提出したものより＊京都大学複合原子力科学研究所提供）

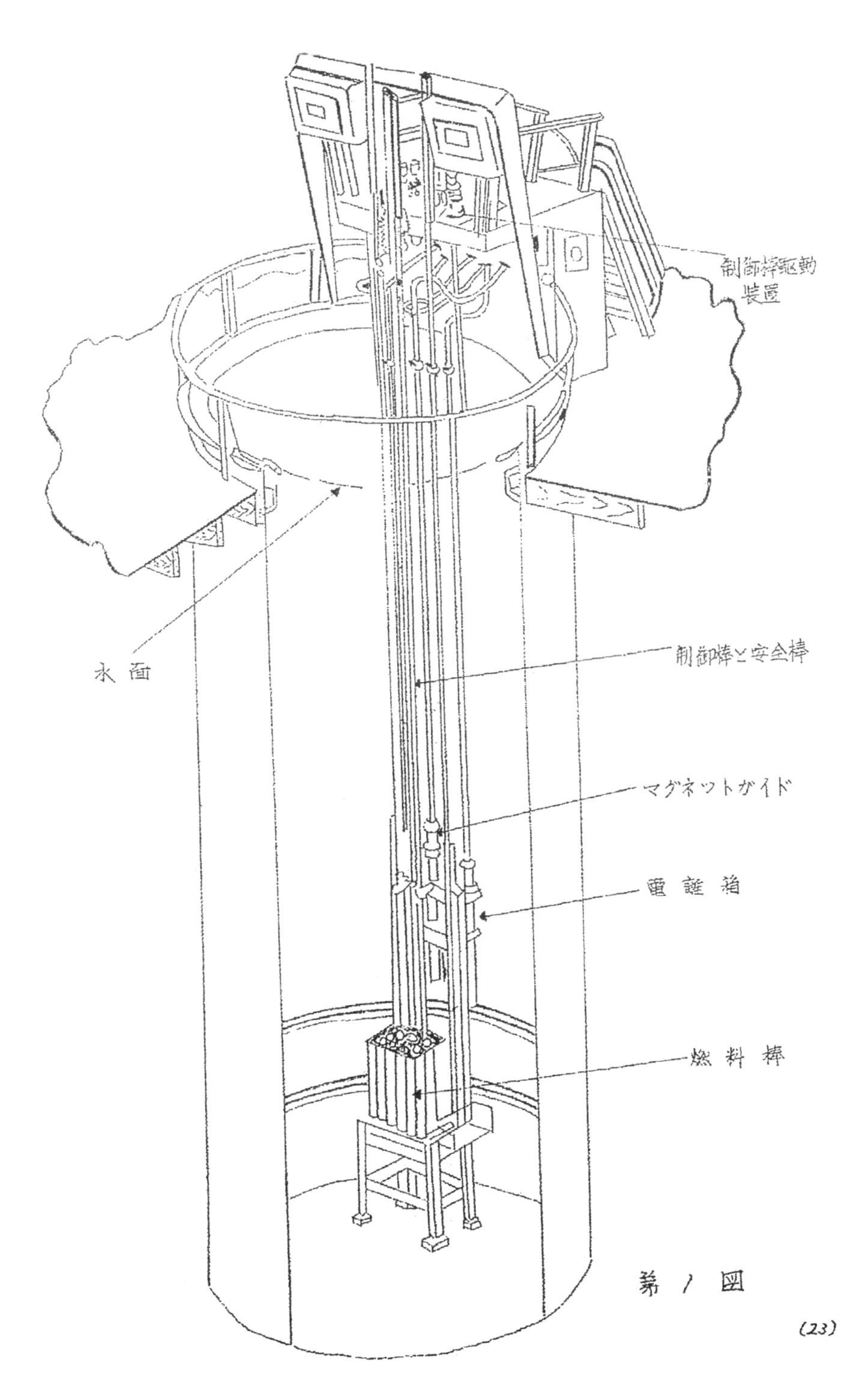

第1図

(23)

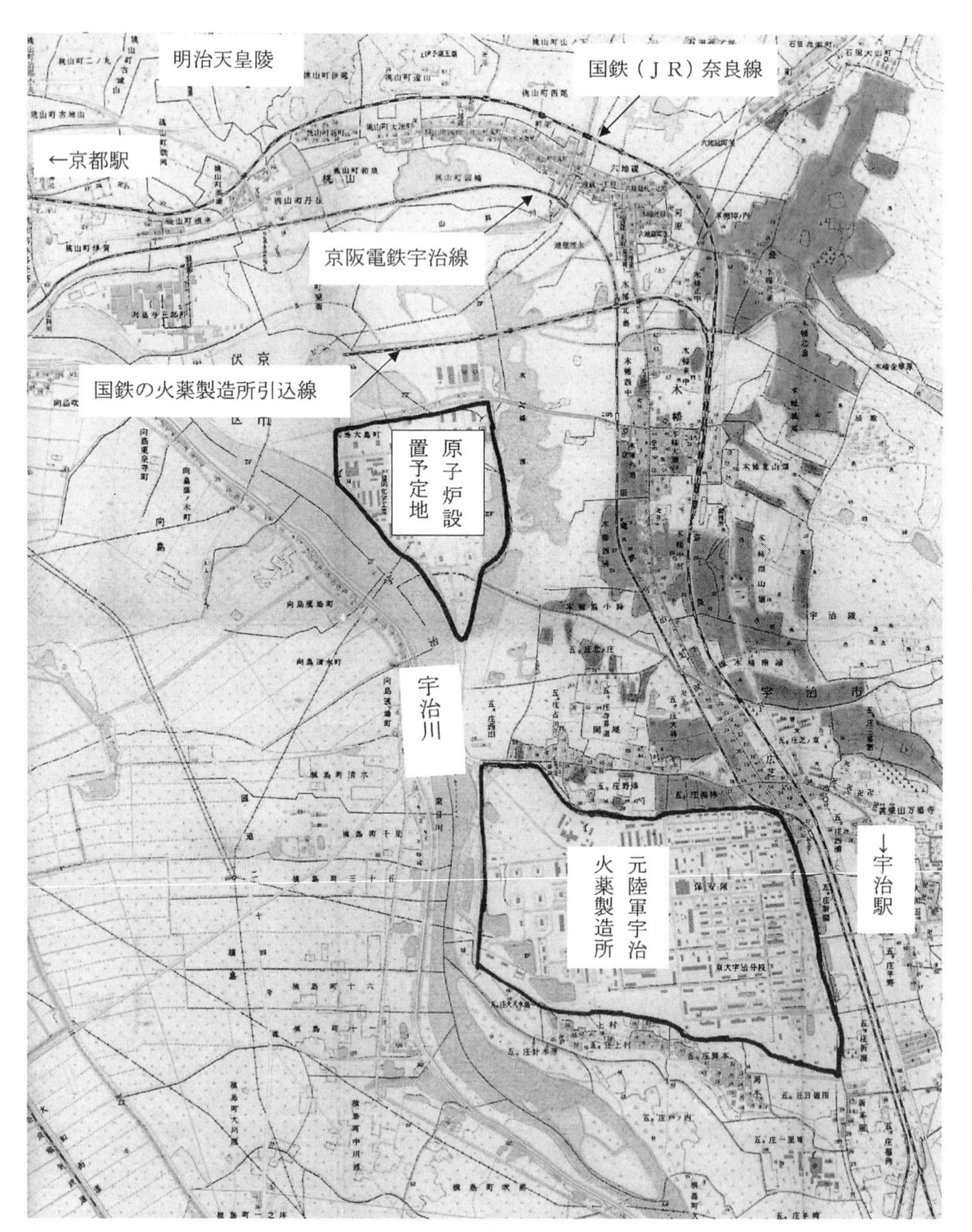

注：①地理調査所が1955（昭和30）年２月25日印刷の「木幡」（1/10000）より。②当時の茶園は網掛部分

図６　原子炉設置予定地

域の地域紙。名称が『洛南タイムス』→『宇治新報』→『新宇治』→『洛南タイムス』と変遷しているが、本書では引用時期にかかわらず『洛南タイムス』とする）

設置準備委員会第三回会合では次のことが決定された。

関西地方に設置する研究用原子炉の設置については、慎重審議の結果、

一、研究設備としての利用率が高いこと
二、給水の便が大なること
三、管理の行き届くこと
四、転用し得る施設が多数あること

等の利点があり、一方宇治川が大阪地方の水源地の上流であることを特に考慮し、左記二条件の完全な履行を前提として第二陸軍造兵廠宇治製造所分工場跡を第一候補地と決定した。

記

一、平常運転または天災事故の場合においても廃液処理を十分に行って、宇治川の放射能汚染を完全に防ぐこと
空気の汚染の防止についてもまた同程度の対策を講ずること

【注】「第一候補地」となった第二陸軍造兵廠宇治製造所分工場跡の約六万坪のうち、大部分は京都市伏見区であり、宇治市は一万五～六千坪。なお、現在の行政区画は民間企業が住宅建設にともない行政区画の確定を申し出たのに対して、京都市と宇治市が「行政境界明示」協議の結果、一九七六（昭和五一）年一月一六日付で現在の行政境界で合意する。現在の行政区画では、京都市伏見区が約四万坪、宇治市が二万坪である。

（＊京都大学複合原子力科学研究所より情報提供）

二、監視機構を完備すること

この発表の翌日、湯川秀樹設置準備委員会委員長は「この二条件が満たされない場合は一応舞鶴の方もご破算にして再検討することになろう。」（『京都新聞』一九五七（昭和三二）年一月一〇日付）と発言。「二条件」は絶対であった。

なお、設置準備委員会設立に至る以前、京都大学は一九五六（昭和三一）年一月、学内に原子力利用準備委員会を設置、同年六月には京都大学・大阪大学合同原子力利用準備委員会が設置されている。

「現在、宇治設置をめぐってもめている関西研究用原子炉建設の話が、最初にもち上ったのは三十年夏のこと。そのときは京大だけで藤本教授（当時工研所長）が中心となって計画、原子炉の型はスイミング・プールなど、ほぼ今の案と同じ案をたてて、京大だけの研究用にするような段取りだった。しかし、その後阪大、東北大、東京工大などからも原子炉を持ちたいとの計画が出され、それら各大学に独自の原子炉をつくるとなれば、予算面からみて、どこも十分なものができなくなり、結局〝共倒れ〟になるとの理由からまず各大学共同利用の原子炉を一つ置くことになった。」

（「原子炉はどこへ　宇治設置をめぐって（1）第一候補地決定まで」『京都新聞』一九五七（昭和三二）年二月一一日付）

研究者の交通の便を優先？

また京都大学は第二候補地についても研究者などの「交通の便」を優先して大阪府北部阿武山（高槻市）を計画していたことが一九五七（昭和三二）年二月二一日の衆議院科学技術振興対策特別委員会に参考人として出席した大橋治房大阪府議会議長の次の発言に示されている。科学者として驚くほど安易な考えと断じざるを得ない。

「他の候補地と比べまして宇治を特に選ばれた理由は、研究するための便利ということのみがわれわれの頭に浮び上ってくるのでございます。このことは、京都大学のここにおられます児玉教授がそのお話の中で、京大の舞鶴にある水産科、高槻の研究所がともに不便であり、研究用、教育用施設である原子炉を遠くに置きたくないということを非常に強調されております。宇治に決定された最大の理由が、真にここにあったことを如実に物語っているのではないかと思うのでございます。」

これに対して同委員会に参考人として参加していた児玉信次郎京都大学工学部教授（設置準備委員会委員）は次のように発言している。

「その当時、京都大学といたしましても、大体いろいろの条件を調べてみますと、宇治が一番いい。そうしてその当時われわれ原子炉並びに付属施設というものは、宇治川なんかの汚染を防ぐように完全にできるものだ、これはもう宇治へ置いて差しつかえないということに疑問を特に持たなかったのです。今から思うと、多少どうもそこにわれわれの考えの甘いところがあったかと反省するのでありますが、少くとも当時のわれわれの常識では、反対が起るということは夢にも考えていなかったのであります。」

なお、「宇治を第一候補地」と決定したのには他にも要因があった。

主要な要因は、一九五七（昭和三二）年度予算に費用計上が必要なことから、「決定」を急いだことがあげられる。年度予算の大蔵省原案は一月一七日に発表されている。文部省（当時）が予算を大蔵省（当時）に提出するには一月九日はぎりぎりのタイミングであった。伏見康治大阪大学教授（設置準備委員会委員）は「宇治を決定したのは予算を計上するための便宜上の決定である。」（『京都新聞』一九五七（昭和三二）年二月七日夕刊）と明言している。

設置場所についての京大・阪大間での議論

研究用原子炉の設置場所をめぐっては京都大学と大阪大学の間で議論があった。当時、大阪大学理学部教授の廣田鋼蔵は次のように述べている。

「（一九五六年）一二月に入って開かれた京大との第三回共同立地小委員会には仁田、村橋、槌田三氏と共に筆者も出席し、三たび激しく討論した。さらにその後、合同三委員会も含め月末まで計数回、京大との会議が持たれた。そのあげく、やっと原点に戻り、宇治を含め適当な設置場所を広く探すことになった。そしていくつか候補地があげられ、京大は大阪府北部阿武山の京大地震観測所を、阪大は舞鶴の旧海軍火薬庫跡を、それぞれ第二候補地とした。このように両大学の第二候補地の位置が意外にも地理的に一見逆となったのは理由があった。

京大が宇治を強く主張したのは、伏見文書、木村資料にあるように、全国大学共同利用の趣旨から、交通の便が理由で、京阪間の阿武山を主張したのも同じ理由だった。これに対し、阪大は利用者と共に仮想被害者の立場を考えて、この案にうんと言わなかった。遠くても水源地とならぬ海岸が適当と主張したのであった。」

（「宇治原子炉設置論争　世界最初の原子炉住民騒動参加記録」日本科学史学会編『科学史研究』一九九六年春、以下「廣田文書」）

「関西研究用原子炉設置候補地の選定基準」

「関西研究用原子炉設置候補地の選定基準」という文書（全文は巻末資料参照）がある。この文書には作成者、作成年月日、提出先が書かれていない。しかし全文を読むと、少なくとも「宇治を第一候補地」と決定した第三回設置準備委員会以前のもので、京都大学側がとりまとめた文書と思われる。

文書では設置候補地の選定基準として、①敷地、②水利、排水および治水、③地質および地盤、④気象、⑤交通、⑥電気、⑦ガス、⑧土地購入の八項目に分けて分析している。

このなかで、「⑤交通」は「京都および大阪在住の職員、研究員の通勤が可能であることが望ましい。実験所の運営、利用等の便利さから京都、大阪からの通勤が可能であり、片道所要時間は一時間半以内である

【注】文中の「伏見文書」とは『時代の証言』（一九八九年、同文書院）、「木村資料」とは『アトムのひとり言』（一九八三年、国書刊行会）からの引用である。

【注】「第一候補地」とされた「第二陸軍造兵廠宇治製造所分工場跡」の南側に隣接する「旧第二陸軍造兵廠宇治製造所」の跡地には京都大学教養学部などが使用する分校が一九五〇（昭和二五）年五月一日に開校されている。

ことが望ましい。」とし、次に「⑧土地購入」は「土地価格が安価であること。文部省の年間土地購入予算から考えて、あまり高額の支出は望めない。したがって先の諸条件とは相反するが、いきおい現在利用度の低いところということになる（一般的には地主の数が少なく、かつ地主が原子炉建設に対して十分の理解をもっていること＊筆者）。これらの観点から国有あるいは公有地が望ましいことになる。」と書かれている。

「京都、大阪からの通勤が可能であり、片道所要時間は一時間半以内」「国有あるいは公有地」の条件を満たす候補地は、宇治と大阪府北部阿武山（高槻市）の京都大学地震観測所であり、舞鶴は条件を満たさないことになる。

前出の「廣田文書」でも、「京大は大阪府北部阿武山の京大地震観測所を、阪大は舞鶴の旧海軍火薬庫跡を、それぞれ第二候補地とした。」とあるように、京都大学が第二候補地を阿武山にしたのは「京都、大阪からの通勤が可能であり、片道所要時間は一時間半以内」の条件を満たし、舞鶴は満たさないからであった。

一九五六（昭和三一）年一〇月二四日、科学技術庁原子力局長が文部省大学学術局長あてに「研究用原子炉の設置について」（全文は六〇頁）という文書を出している。この文書では「差し当り関西方面に一基を設置し、大学連合等により運営を行うものとする。ただし、わが国における原子力の研究、開発はようやくその緒についたばかりであり、かつまた日本原子力研究所も設立後日浅く、原子炉管理等の諸法制も未制定の現状に鑑み、本研究用原子炉の所有形式等に関しては別途検討を加えるものとする。」としている。

原子力の利用についてはまだ黎明期であり、解明されていない事柄が多数存在している時期ではあったが、研究用といえども日本で茨城県東海村に続いて二番目に設置される原子炉の敷地の選定を「交通の便」を優先させていたというのには驚くばかりである。

根拠なき安全神話

京都大学側の多くの学者は「絶対安全」という言葉をしばしば使用していた。当時の国内では放射能の危険性を訴えると「ノイローゼ」よばわりされるようなこともあったが、一方で原水爆禁止運動も大きな広がりをみせていた。

設置準備委員会委員であり、京都大学原子炉実験所（現在の京都大学複合原子力科学研究所）初代所長をされた木村毅一京大教授は反省も込めて次のように語っている。

「最初に原子炉を宇治におこうとした理由は、できるだけ京大にも阪大にも近い所であり、敷地も丁度六万坪位あるからここが便利じゃないかというごく簡単な理由からでした。……その当時、われわれはまだ大学の研究室、すなわち象牙の塔にこもっておりましたので、一般の人びとのごく初歩的といったらおかしいのですが、肌で感ずる一種の恐怖心、これは原子爆弾を受けておりますので、反対されるのも必ずしも無理であったとはいえないのであります。」（「京大原子炉建設の思い出」京都大学原子炉実験所記念講演記録「アトムのひとりごと」一九七四年一一月）

さらに原子炉設置に関して不安を煽るような発言はしないよう、内々の「口止め」のような密談もあったようだ。「廣田文書」に次のような記述がある。

「一月九日の第三回準備委員会の前夜に重要密談が行なわれた。すなわちその席で京大児玉委員より、学術会議代表の伏見氏以外の阪大委員らはそれまでの不安皆無と汚染除去可能との二つの説明の線を越えないこと、そして宇治を第一候補地にしようとの口約をとられた。こう準備委員の一人、原田工学部長が白状し、口約は両大学対立の批判を避ける意図だったと弁解している。」

この時期、原子炉の安全性については学者・研究者の間でも様々な議論があった。日本学術会議の原子力問題委員会が「原子炉およびその関連施設の安全性について」（全文は巻末資料参照）をまとめたのは一九五八（昭和三三）年八月、宇治設置案が撤回された翌年八月のことである。

すなわち、「「安全性」の概念」として「原子炉およびその関連施設（以下「原子炉」）の「安全性」は科学技術的に充分検討さるべきは勿論であるが社会的問題であることを忘れてはならない。」とし、設置場所については「初期においては、研究用原子炉でも、安全性を優先して場所を選ぶために、多少研究者の便を犠牲にせざるを得ない場合がある。……原子炉の設置場所は、人口過密な地域・重要産業地域・主要河川流域等をなるべく避くべきである。設置場所自体を安全性の重要な要素と見なすべきである。」としている。

この時期、原子核物質はどのように取り扱われていたのだろうか。加藤利三さん（京都大学名誉教授、当時理学部物理学教室院生）は、「当時スタッフが小さな容器に入ったラジウムを素手で持って運んでいたのを見た」と話されていた。当時、全国の医療機関等での放射性物質の取り扱いも驚くほど杜撰であった。

「原子炉設置だ、ウラン開発だと世をあげての〝原子力時代〟とあって、放射能を扱う仕事は従来と比べものにならないほど多くなっているが、人事院がこのほど行った放射能関係業務の実態調査によって「従事者の三分の一以上がなんらかの放射能障害を受けている」事実が明らかになった。これはまだ中間報告なので、一応資料がまとまれば近く実地調査も行い、労働条件とにらみ合わせた基準もつくりたいというが、これまでの調査に現れた「健康管理、保護設備とも不十分」という点を指摘、人事院では関係官公署に赤信号を発した。」

（『日本経済新聞』一九五七（昭和三二）年一月二三日付）

第二章　設置準備委員会発足にいたる経過

1　電源開発促進法

一九五〇（昭和二五）年六月、朝鮮戦争が勃発し、日本国内はその後「朝鮮特需」に沸いていた。この時期、電源開発促進法が制定される。一九五二（昭和二七）年七月三一日に公布・施行された。「この法律は、すみやかに電源の開発及び送電変電施設の整備を行うことにより、電気の供給を増加し、もつてわが国産業の振興及び発展に寄与することを目的とする。」（第一条）とあり、第二条で「この法律において「電源開発」とは、水力又は火力による発電のため必要なダム、水路、貯水池、建物、機械、器具その他の工作物の設置若しくは改良又はこれらのため必要な工作物の設置若しくは改良をいう。」としているように、当時の「電源開発」は水力と火力が中心であった。

2　日本で最初の「原子力予算」——直後に第五福竜丸被曝判明

一九五四（昭和二九）年年明けより、国会では昭和二九年度予算案が審議されていた。ところが三月三日

になり突如として予算修正という形で「原子力予算」が盛り込まれ、翌四日には衆院で可決される。当時の

ことを中曽根康弘は次のように語っている。

「昭和二十九年（一九五四年）三月三日、予算案の審議が大詰めを迎えていた衆議院予算委員会に、突如、自由党、改進党、日本自由党による共同修正案が提案された。原子力平和利用研究費補助金二億三千五百万円とウラニウム資源調査費一千五百万円、合計二億五千万円。わが国では初の〝原子力予算〟を盛りこむよう迫ったのである。」（『政治と人生　中曽根康弘回顧録』講談社）

この「原子力予算」は文部省ではなく、「通産省所管工業技術院に計上する科学技術研究助成費の増」として通産省に出されたことからも、研究者が要望していた研究費用ではない。武谷三男（当時立教大学教授）は次のように語っていた。

「原子力の研究には原子核の研究が不可欠である。それなしに原子炉などできるものではない。まずこれを充実することが先決問題である。原子核研究所の予算を半分に削って、原子炉の予算を無計画に計上するなど、無知もはなはだしいというほかはない。……日本学術会議が原子力問題にかんする委員会を中心とする調査のため二千万円を要求したのに対して、それを一〇〇万円に削ってしまって調査をまったく不可能にしておきながら、他方に二億三千万円の無計画な原子炉予算を出すことは全く奇々怪々たるもので、この予算の性格を語っているであろう。」
（「不明朗な原子炉予算　政治家には先見の明があったか　武谷三男」『新潟日報』一九五四（昭和二九）年三

月二九日付＊『武谷三男著作集2　原子力と科学者』より）

原子力予算が盛り込まれた予算案が可決された前年、中曽根康弘はアメリカにいた。「中曽根は一九五三年七月六日から八月三〇日まで、ハーバード大学夏期国際問題セミナーに参加」その後「ワシントンに向かい、ニクソン副大統領、ロバートソン国務次官補らと九月に会談」「一〇月には……原子力についてはバークレーのローレンス研究所に立ち寄った」「一〇月三〇日に帰国」（服部龍二『中曽根康弘「大統領的首相」の軌跡』中公新書）とあるように、約四か月間アメリカで原子力問題などを研究していた。

このことは、中曽根康弘が『自省録　歴史法廷の被告として』（新潮社）の中で「一九五三年、私はハーバード大学のサマーセミナーに招待されて渡米した折にセミナー終了後、原子力施設を見に行きました。」と書いているから服部の指摘はほぼ間違いない。

「原子力予算」には背景があった。武谷三男は以下のように記している。

「この五月になって、その背景を私たちにもっとはっきりわからせるように思われるものが発表された。それは日本からではなく、アメリカで発表された文書である。

それは何であるかといえば、アメリカ国務省の調査報告書である。この調査報告書は一九五四年の一月に作られたものであって、一九五三年暮に出たアイゼンハウアーの原子力プール案の線に沿って、国務省が提出したものである。これを見ると、原子力の開発という点で世界的にいちばん有望な国は、イギリスと日本である。これに反して、アメリカにおいては、原子力発電は十五年後までは何ら採算がとれる見込はない、というふうに書いてある。私はこの報告書を見て、愕然とした。それまでは、アメリカのプール案が出たころは、日本との間にそんなに重大な関係があるのだとはあまり一般の人も考えなかったし、私たちも考えなかった。ところがこの調査報告書を読んでみると、あに図らんや、アメリカのプール案とはまさに日本に対するものであり、日本がその主な対象であるということが非常にはっきりしたのである。」

（武谷三男「日本の原子力政策　空さわぎでなく、基礎的な準備を」

（『中央公論』一九五五年二月号＊『武谷三男著作集2　原子と科学者』より）

この日本初の原子力予算は確たる根拠に基いたものではなかった。それは予算執行の結果が如実に物語っている。二億五千万円の予算額のうち執行されたのは八千二百万円程、一億六千八百万円余りは翌年度へ繰り越されている。この予算をめぐる動向の前後、日本における原子力問題に重大な影響を及ぼす出来事があった。三月一日、アメリカは太平洋のビキニ環礁で水爆実験を行い、近海でマグロ漁中の第五福竜丸他が被曝する（図7）。第五福竜丸の筒井船長は「立入り禁止区域」外での操業と語っている。第五福竜丸は三月一四日、静岡県焼津港に入港し、翌一五日に受診して被曝が確認された。

広島、長崎に続く三度目の被曝の直後に「初の原子力予算」は国会を通過した。

日本学術会議の声明

日本学術会議は予算成立後の四月二三日、以下のような総会声明を発表する。

声　明

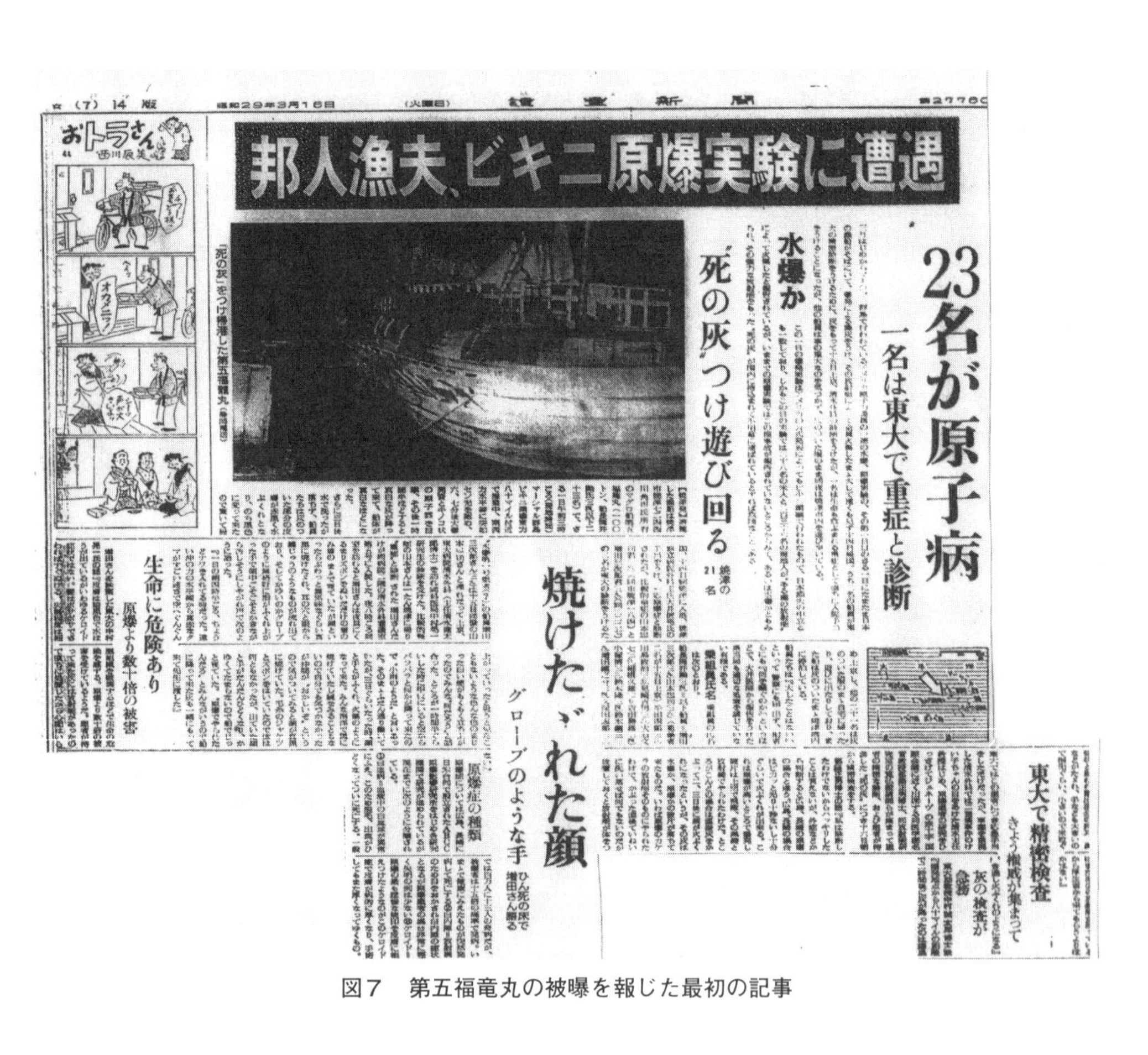

(7) 14版　昭和29年3月16日　(火曜日)　読売新聞

おトラさん　西川辰美

邦人漁夫、ビキニ原爆実験に遭遇

23名が原子病

一名は東大で重症と診断

水爆か

"死の灰"つけ遊び回る　焼津の21名

"死の灰"をつけ帰港した第五福竜丸（焼津港）

乗組員氏名

焼けたゞれた顔

グローブのような手　ひん死の床で増田さん語る

原爆症の種類

生命に危険あり

原爆より数十倍の被害

東大で精密検査

きょう権威が集まって

灰の検査が急務

図７　第五福竜丸の被曝を報じた最初の記事

一九五四年四月二十三日　日本学術会議第十七回総会

第十九国会は、昭和二十九年度予算の中に原子力に関する経費を計上した。

原子力の利用は、将来の人類の福祉に関係ある重要問題であるが、その研究は、原子兵器との関連において急速な進歩をとげたものであり、今なお原子兵器の暗雲は世界を蔽っている。われわれは、これの現状において、原子力の研究の取扱いについて、特に慎重ならざるを得ない。

われわれはここに、本会議第四回総会における原子力に対する有効な国際管理の確立を要請した声明、並びに第十九国会でなされた原子兵器の使用禁止と原子力の国際管理に関する決議を想起する。そして、わが国において原子兵器に関する研究を行わないのは勿論外国の原子兵器と関連ある一切の研究を行ってはならないとの堅い決意をもっている。

われわれは、この精神を保障するための原則として、まず原子力の研究と利用に関する一切の情報が完全に公開され、国民に周知されることを要求する。この公開の原則は、そもそも科学技術の研究が自由に健全に発達をとげるために欠くことのできないものである。

われわれは、またいたずらに外国の原子力研究の体制を模することなく、真に民主的な運営によって、わが国の原子力研究が行われることを要求する。特に、原子力が多くの未知の問題をはらむことを考慮し、能力あるすべての研究者の自由を尊重し、その十分な協力を求むべきである。

われわれは、さらに日本における原子力の研究と利用は、日本国民の自主性ある運営の下に行われるべきことを要求する。原子力の研究は全く新しい技術課題を提供するものであり、その解決のひとつひとつが国の技術の進歩と国民の福祉の増進をもたらすからである。

われわれは、これらの原則が十分に守られる条件の下にのみ、わが国の原子力研究が始められなければならないと信じ、ここにこれを声明する。

学術会議の「公開、民主、自主」の「原子力三原則」を明示した声明は、原子力の基礎研究などを度外視した「日本初の原子力予算」への強い警告であることは疑う余地はない。

政府内に原子力利用準備調査会

その後、同年五月一一日、政府内に「原子力利用準備調査会」が発足する（会長は副総理の緒方竹虎、他五名で構成）。調査会の方針は「1　わが国将来のエネルギー供給その他のために原子力の平和的な利用を行うものとする。2　前項の目的に資するため、小型実験用原子炉を築造することを目標として、これに関連する調査研究および技術の確立等を行うものとする。」（原子力委員会「原子力白書」昭和三一年度版）というものであった。そして一九五六（昭和三一）年一月には本調査会は原子力委員会へと改組され、同年九月六日、関西地区の大学に研究用原子炉一基を設けることを決定する。

京都大学と大阪大学、共同で研究用原子炉建設要望

では研究用原子炉を使用する大学側は原子炉設置に対してどのような対応をとったのだろうか。

京都大学では国会で原子力予算が通過した翌年の一九五五（昭和三〇）年九月、工学研究所が研究用原子炉設置を文部省に要望する。同時に大阪大学でも枚方に原子炉設置の予算要望。その後九月九日には両大学の関係者が文部省稲田大学学術局長に面会、共同で使う旨予算を要望。この時点で京都大学では設置場所を

宇治に計画していた。しかしこうした素早い対応の一方、宇治への設置計画そのものは杜撰であったことはその後の関係者の発言で明らかになった。

「その当時、京都大学といたしましても、大体いろいろの条件を調べてみますと、宇治が一番いい。そうしてその当時われわれ原子炉並びに付属施設というものは、宇治川なんかの汚染を防ぐように完全にできるものだ、外国でも大学の構内に置いているじゃないか、ハーウェルなんか、ロンドンの水道の上流地へ置いているじゃないかということで、これはもう宇治へ置いて差しつかえないということに疑問を持たなかったのです。今から思うと、多少どうもそこにわれわれの考えの甘いところがあったかと反省するのでありますが、少くとも当時のわれわれの常識では、反対が起るということは夢にも考えていなかったのであります。そういうわけで地元の方の御了解を得ることに非常に手抜かりがあったということを、私は今から考えると認めざるを得ないのでございますが、当時われわれの心境はそういう心境でありましたので……」

（一九五七（昭和三二）年二月二一日衆議院科学技術振興対策特別委員会での京都大学工学部児玉信次郎教授の発言）

3　原子力基本法制定、原子力委員会発足

原子力基本法、原子力委員会設置法の国会審議

日本初の原子力関係法案の国会審議は極めて短時間であった。しかも、原子力基本法案（議員立法）より

先に、原子力委員会設置法案（政府提案）が審議されるという強引な事態であった。

一九五五（昭和三〇）年師走の経過は以下のとおりである。

一二月一〇日、衆議院科学技術振興対策特別委員会に原子力委員会設置法案を提案、審議。

一二月一三日、衆議院科学技術振興対策特別委員会に原子力基本法案を提案、審議。

一二月一四日、衆議院本会議に両法案を提案、可決。

一二月一五日、参議院商工委員会に原子力基本法案を提案、可決。

一二月一五日、参議院内閣委員会に原子力委員会設置法案を提案、可決。

一二月一六日、参議院本会議に両法案を提案、可決。

国会審議の中で、原子力委員会の権限について質問された正力国務相は「この委員会というものは、形においては諮問機関のようになっておりますが、事実は決定機関に近いもので、非常にこれは強いものです。従って、内閣総理大臣はこれを尊重しなければならぬという義務を負わされておりますから、事実上の決定機関のようなものでありますから、御安心を願います。」（一二月一〇日、衆議院科学技術振興対策特別委員会）と答弁したが、数か月後にはこの発言が反故にされている。

一九五六（昭和三一）年一月一日、原子力基本法が施行され、同日原子力委員会が発足する。発足時のメンバーは原子力委員会委員長に正力松太郎国務相、以下委員に石川一郎（経団連会長）、湯川秀樹（京都大学教授）、藤岡由夫（東京教育大学教授）、有沢広巳（東京大学教授）の五名。「四名の委員のうち石川、湯川両委員は任期三年、藤岡、有沢両委員は任期一年六月とし、また石川、藤岡両委員は常勤、湯川、有沢両委員は非常勤とされた。」（総理府原子力局「原子力委員会月報」第一巻第一号、一九五六年五月）とある。

原子力委員会の役割・権限

原子力委員会の役割や権限等については、原子力委員会設置法（一九五五年一二月一九日公布）に規定されている。

第二条（所掌事務）で「委員会は、次の各号に掲げる事項について企画し、審議し、及び決定する。」としているが、第三条（決定の尊重）で「内閣総理大臣は、前項の決定について委員会から報告を受けたときは、これを尊重しなければならない。」としている。国会審議の過程で決定権は内閣総理大臣にあり、原子力委員会は行政機関ではなく「諮問機関」的な役割となった。

このことを如実に現わしているのが日本原子力研究所の設置をめぐる問題である。経過を詳細に記述している「原子力委員会月報一九五六年№1」の「原子力研究所の敷地選定について」で経過をみる。

①「（一九五六年）二月一五日臨時委員会を開催して原子炉敷地につき討議した結果、土地選定委員会の意見を尊重して、武山（神奈川県横須賀市。当時アメリカ海軍が使用＊筆者）を実験用原子炉敷地の第一候補地と決定し、動力試験用炉は水戸に置くことも同時に決定した。」

②「（三月）九日午後の原子力委員会に報告（同日に調達庁と原子力局から米極東軍司令部ハーバート少将を訪問＊筆者）され、討議の結果、ただちに正式の要請をなすべきであり、そのために総理大臣に、「武山を原子炉敷地として原子力委員会で決定した。」旨報告することとなった。」

③「政府は一三日の閣議にこの件を諮ったが、船田防衛庁長官から武山は海上自衛隊の要地として三年前

から米軍に折衝しており、現在も強い希望がある旨の異議があったので改めてはかる」、「三〇日の閣議にはかったが決定せず」、「四月三日の閣議でも決定されず」、「四月六日の閣議で、「原子力委員会に再考を求める」との態度を決めた。」

④「原子力委員会は同日（四月六日＊筆者）午後二時から定例委員会を開き、武山を断念して、これに代る候補地として水戸地区を選ぶことを決定」

この経過、決定について原子力委員会は同日、「なおこのたびの件について、政府が原子力委員会の決定を十分検討の上、改めて本委員会の再考を促されたので、本委員会もこれを了とした次第である。政府は今後も委員会の決定を尊重されることを希望する。」と発表した。

このことから、関西研究用原子炉設置問題の最終決定は総理大臣にあることがわかる。

原子力委員会初会合

一月四日に開催された初会合では以下のことを決定した。

「一、五日午前一〇時から第二回委員会をひらき三一年度の原子力予算について協議する。
一、一三日午後一時から第三回委員会をひらき以降毎週金曜日の午後一時から定例委員会をひらく。
一、委員会に参与、専門委員制度を設けることとし十三日の委員会までに事務当局で具体案をつくる。
一、三月一五日に発足する国連科学委員会（放射線の災害問題を検討する機関）に日本からも代表団として代表一名、同代理あるいは顧問合わせて一名以上を送るよう要請があったため外務省で一月中旬までに決定する。」

4　正力の不可解な発言

しかし、その日の夜、正力松太郎は郷里である富山県に帰京する車中の記者会見で次のように発言している。

「正力国務相はこの会見で、いままでのわが国の原子力開発計画によれば、五年後にはじめて実験用の動力原子炉を建設することになっているが、これを大幅に短縮し……三十年度を第一年度として、五年後までにわが国でも実用のための原子力発電炉を建設することとしたい……〝動力協定〟を早急に締結する必要があり、むしろ基礎研究よりも、実用化の点に主力をおいてゆく方針である。……この点についてはすでに四日の原子力委員会初会合でも各委員の間で基本的に意見の一致をみている」

（『読売新聞』一九五六（昭和三一）年一月五日付）

この正力発言については他の新聞各社も同様の記事を掲載している。しかし正力は五日になって、「四日の第一回委員会では原子力の施設、技術に関し米国から輸入したらよいという程度の話は出たが〝動力協定〟を結ぶことなどは全然話題にのぼらなかった。だからこれについて委員の間で意見の一致したことはないし私もこんなことはいったおぼえがない。」（『毎日新聞』一九五六（昭和三一）年一月六日付）としているが、正力本人が社主をしていた（国会議員退任後に再度社主となる）新聞社が社主の発言しなかったことを記事にするなどありえない。

この正力発言に対して、初会合の翌日の五日に開催された第二回会合後、各委員より談話が発表され、批判が噴出している。なお、この会合には正力は帰郷のため欠席している。

「石川一郎委員　話の聞き違いではないだろうか。〝動力協定〟なんて何のことか意味が判らぬ。日米原子力協定にともなう細目協定のことを指してしゃべったつもりなのではないのか。

藤岡由夫委員　私も聞いてはいない。今までの原子力利用準備調査会総合部会や原子力予算打合会の委員として考えてきたことは自主的に研究を進め、国産炉を作って独自の力で原子力を利用しようということだった。昨年の原子力協定交渉の際にも発電に関して日米間の交渉を義務づけるのは困るといってあの交換公文をしたのだ。その時の日本の段階と現在の段階は少しも変わっていない。いますぐ動力炉の協定をするのは困る。正力さんが帰京したら石川さんとともに質すが正力さんの談話の取違いでしょう。

湯川秀樹委員　四日の会合では〝動力協定〟の話など出なかった。四人の委員の意見が一致したとはとんでもない。正力さん個人の考えがそうであっても委員の意見が一致したなどといわれては大変迷惑だ。いますぐ動力炉を輸入するくらいなら米国の会社と日本の会社が直接に取引すればよいことだ。原子力基本法にのっとって自主的に国家としてやるためにこそ原子力委員会ができたのだ。これから研究をはじめようという日本にとってはまだまだ〝動力協定〟などの段階ではない。それなら原子力委員会など必要がないではないか。

有沢広巳委員　寝耳に水で驚いた。動力協定などには絶対反対だ。第一〝自主性〟をうたっている原子力基本法違反だよ。正力さんがどうしても強行するというのなら私はとてもついて行けない。湯川さんも私と同じ考えだ。しかしすべては正力さんから直接聞いたうえのことにした。」

（『毎日新聞』一九五六（昭和三一）年一月六日付）

次はこの年の一月一日付『読売新聞』の「本社座談会　原子力平和利用の夢」での正力の発言である。

「ぼくが原子力を知ったのは一昨年の暮、アメリカ、イギリスで原子力の恐るべき力が応用されつつあるということをきいてからで、ぼくは驚いた。アメリカ、イギリス人がやっていることで日本人にできないことはない、どうしても日本ではやらなければならないと思った。……ところが日本では原子力でアイソトープを生産するとか、医療に使うとか、また動力に使うといっても実現は十年も二十年も先のことに考えているが、これは間違いだ。アメリカが現在実用化しようとしているのに日本ができないはずがない。これを具体的にどうにするかということは原子力委員会ができ、専門家の手によってやる。必ずできる。できないのは努力が足りないのだ。」

正力の原子力発電への並々ならぬ執念がわかる。先の発言は世論を動力炉（原子力発電）導入へ誘導するための意図したものではなかったのか。

31原局第341号

昭和31年10月24日

文部省大学学術局長殿

原子力局長

研究用原子炉の設置について

昭和31年８月30日学大第736号をもってお申越のあった標記の件については、去る10月11日開催の原子力委員会において下記のとおり決定いたしましたので本決定の主旨により貴局において具体的措置につき検討を煩わしたい。

記

大学における基礎研究および教育のための原子炉の設置については、昭和31年９月６日内定の原子力開発利用長期基本計画５．（２）、（ロ）の（ｈ）の主旨に従い、差し当り関西方面に１基を設置し、大学連合等により運営を行うものとする。ただし、わが国における原子力の研究、開発はようやくその緒についたばかりであり、かつまた日本原子力研究所も設立後日浅く、原子炉管理等の諸法制も未制定の現状に鑑み、本研究用原子炉の所有形式等に関しては別途検討を加えるものとする。

図８　原子力委員会の申し出への文部省回答（「原子力委員会月報1956　№.7」科学技術庁原子力局より）

５　「関西方面に原子炉一基」を決定

第四七回原子力委員会

原子力委員会が発足した同月、京都大学は滝川幸辰総長を委員長とする原子力平和利用準備委員会を発足させる。これは一九五五（昭和三〇）年九月六日に原子力利用準備調査会の「関西地区の大学に研究用原子炉一基を設けることを決定」を受けてのものである。そして翌一九五六（昭和三一）年一〇月一一日の第四七回定例原子力委員会で「関西方面に原子炉一基を設置」することが決定された。原子力委員会日誌の「審議および決定事項」には以下のように記載されている。

「(9)関西の原子炉について　従前に引き続き検討を加えたが、大学におけるものは基礎研究用のものとし、動力炉を含む研究所とは分離し、文部省を中心に大学連合など適当な組織において運営するのが適当であるとの諒解に達し、具体化については文部省、大学において検討されるよう、文部省あて回答するとともに、炉の所有、管理方式等に関しては、今後検討、調整することとされた。」

その後、一九五六（昭和三一）年度予算で京都大学工学研究所は原子炉用建物建設費として文部省から三千万円を獲得し、研究用原子炉は京都大学工学部主導で推し進められた（図8）。

6　宇治に動力炉併設設置も検討――第四四回原子力委員会

原子炉建設決定の前に開かれた第四四回定例原子力委員会（一九五六（昭和三一）年九月一三日）の「審議および報告事項」には「当初の京大の附属研という考えより関西全体の動力炉設置も考慮したセンターとするか否か等について検討を加えた。」とある。

この「動力炉設置」の動きは以前からあった。藤岡由夫原子力委員は一九五六（昭和三一）年五月一六日に京都大学原子力利用準備委員会関係者と協議した後の記者会見で「私としては炉が関西主要大学の共同で計画され、各会社も利用するという意味から経済状況にとらわれず、将来動力炉を作るために必要な材料試験炉としてC・P五型が良いのではないかと思う。」（『京都新聞』一九五六（昭和三一）年五月一七日付）と発言している。

同委員会を報道した新聞記事には次のような記述がある。

「その結果委員会では種々の情勢を検討①関西に設置する炉は現在は実験炉に限るとしても電力業界のす

学大第　　936号

昭和31年11月19日

京都大学長　殿

文部省大学学術局長

関西方面に設置する研究用原子炉設置の準備委員会について

貴学における研究用原子炉設置計画については、かねてから科学技術庁と協議をいたしてきましたところ、去る10月11日開催の原子力委員会に於いて「関西方面に原子炉一基を設置し、大学連合等により運営を行うものとする」等のことが決定され、別紙（1）の通り原子力局長から通知がありました。よって、この主旨に依って原子炉設置の具体的措置についての検討を行うため、別紙（2）の諸氏の出席を得て、本月13日研究用原子炉設置に関する打合せ会を開催いたしました。

この打合せ会において、関西方面に設置される研究用原子炉については原子炉設置準備委員会を貴学に設け、改めて原子炉設置に関する計画、原子炉の型、設置場所、管理運営の方法等に関する事項を検討し、立案することが決定されました。

ついては、以上の経過を御了承の上、今後の原子炉設置準備委員会の設置ならびにその運営についてよろしくお願いいたします。

図９　関西方面に設置する研究用原子炉設置の準備委員会について

う勢から推して将来当然動力炉を置かねばならなくなる②従って宇治市の敷地（約六万坪）は動力炉まで併置するとすれば狭すぎるし、また宇治市が水源地帯であることを考慮すれば廃棄物の関係からも適当でない、という意見に一致、委員会としては一応現在京大などで具体的に進めている〝宇治市の原子炉設置〟案を白紙にかえし、土地選定委員会（原子力研究所の敷地選定にあたったもの）と京大、阪大並びに関西電力業界の代表者からなる委員会を作り改めて候補地選定に当たるようにすることを決めた。」（『京都新聞』一九五六（昭和三一）年九月一四日付）

「原子力委員会はこの報告をきいて問題を検討したが、宇治市に実験炉を置くことは別個検討するにしても将来大型の輸入動力炉を関西に置く事態も予想され、その場合宇治市では廃棄物処理、水利などの点で著しい不便を来すことは明らかなので関西方面の原子炉開発については

長期的かつ総合的な調整が必要であるとの意見が強かった。」（『読売新聞』一九五六（昭和三一）年九月一四日付）

敷地面積等の条件が満たされれば、宇治に研究炉と併せて動力炉も設置する計画が一時期存在したのである。

「研究用原子炉設置」文書

文部省は前出の科学技術庁原子力局長より出された文書に基づき、同年一一月一九日に京都大学に「関西方面に設置する研究用原子炉設置の準備委員会について」を送付する（図9）。

この文書に「関西方面に設置される研究用原子炉については原子炉設置準備委員会を貴学に設け」とあり、準備委員会の責任者に京都大学総長（当時滝川幸辰）が就く。この決定を受けて関西研究用原子炉設置準備委員会が発足した。

京都大学が原子炉予算を申請したのは一九五四（昭和二九）年春。そして、一九五六（昭和三一）年度予算で原子炉用建物建設費として三千万円の予算を獲得した。この「原子炉予算」獲得をうけて、五月に原子力利用準備委員会（責任者京大総長）を設置し、その下に原子炉等の専門委員会が設置された。

【注】「五月、京大では〝挙学一致〟してことに当らなければならないということで、原子力利用準備委員会（学長、工、理、医学部長、化研、工所長、事務局長、庶務課長、会計課長からなる）が作られ、続いてその下部に原子炉等の専門委員会が作られた。」（小田弘「宇治原子炉問題の意味するもの」『自然科学雑誌』一九五七年六月）とある。

第三章　原子炉設置予定地宇治近辺の近代

1　明治期から敗戦まで火薬庫・火薬製造所がおかれる

宇治火薬製造所が宇治市木幡・五ケ庄(ごかしょう)の地に置かれたのは、一八七一（明治四）年六月、兵部省の火薬庫が設けられたことに始まる。明治維新後、兵部大輔となった大村益次郎の遺志によった（『京都の「戦争遺跡」をめぐる』平和のための京都の戦争展実行委員会）。幕末、京・大坂間を行き来していた大村は、この地が火薬製造所の適地と考えていた。

やがて、一八九四（明治二七）年七月、日清戦争勃発。陸軍省は火薬の需要急増に対応すべく、前線に近い西日本に初めて、国内で四か所目（板橋・岩鼻・目黒に次いで）の火薬製造所として新設を決定、一八九六（明治二九）年四月、宇治火薬製造所が開所。翌一八九七（明治三〇）年七月、京都市伏見区深草に歩兵第三八連隊（のちの第一六師団）が設置される。火薬製造所のある宇治市木幡までは近い距離である。まさに「軍都」の一部であった。その後、一九〇四（明治三七）年二月に日露戦争が勃発すると、同年八月、火薬増産のため火薬製造所の北部に木幡分工場を設置。のちにこの跡地が研究用原子炉の「第一候補地」となったのである。

話はそれるが、先に兵部省が火薬庫を設けるにあたり、この周辺の土地を所有していた黄檗宗大本山萬福寺の境内敷地を「上地」（没収）処分している。磯崎三郎（立命館大学・当時）の「宇治（木幡・黄檗）の戦争遺跡を歩く」によれば、「一八七一（明治四）年一一月一五日に、境内、山林合計八六七一六坪を「上地」処分。一八七四（明治七）年一〇月一七日に境内地四九九八九坪を「上地」処分」とある。

萬福寺は隠元隆琦（いんげんりゅうき）禅師によって江戸時代初めの一六六一（寛文元）年に開山した。隠元禅師は中国福建省の黄檗山萬福寺の住職であったが、一六五四（承応三）年、六三歳の時に来朝。日本に禅宗の教えをひろめた。

萬福寺の塔中・宝蔵院には一切経（いっさいきょう）（釈迦の教えに関わる経典総称。大蔵経（だいぞうきょう））の版木（縦二六cm、横八二cm、厚さ一・八cm）全六九五六巻、約六万枚が収蔵されている。この版木は国の重要文化財に指定されている。版木の書体は明朝体。今日、広く使われている明朝体の元となったもの。この版木は、日本に一切経の版木のないことを残念に思った鉄眼道光（てつげんどうこう）禅師（肥後国益城郡守山村生まれ）が一切経を開版したいと隠元禅師に相談したところ、隠元禅師が中国より持ってきた明朝版大蔵経を授かり、これを基に幾多の苦難を乗り越え、多くの人々の援助と努力により一七年の歳月をかけ完成した。

歴史をさらに遡る。安土桃山時代に豊臣秀吉は伏見城を現在の京都市伏見区の桃山丘陵一帯に築く。これにより宇治市木幡の北部は城の総構えの中に組み込まれた。

「文禄三（一五九四）年豊臣秀吉によって伏見城が築かれたとき、六地蔵地区とその周辺も総構えの中に組込むという大構想が打ち出された。その際、この陣ノ内地区を始め小字御園・河原など木幡北部の各地区も、その郭中に取り入れられ、蒲生氏郷・金森長近・細川忠興らの武家屋敷となったと言われている。」

（「宇治市史5　東部の生活と環境」）

2　戦前・戦後に六回の爆発・出火

宇治の火薬庫、火薬製造所は六回もの爆発事故を起こしている。

一回目は一九〇五（明治三八）年一月一七日、宇治火薬庫で出火。「宇治火薬製造所二號棉火薬乾燥室より発火」「死者工夫田中重次郎の外他に負傷者なかりし」（『日出新聞』一九〇五（明治三八）年一月一九日付）とある（図10）。

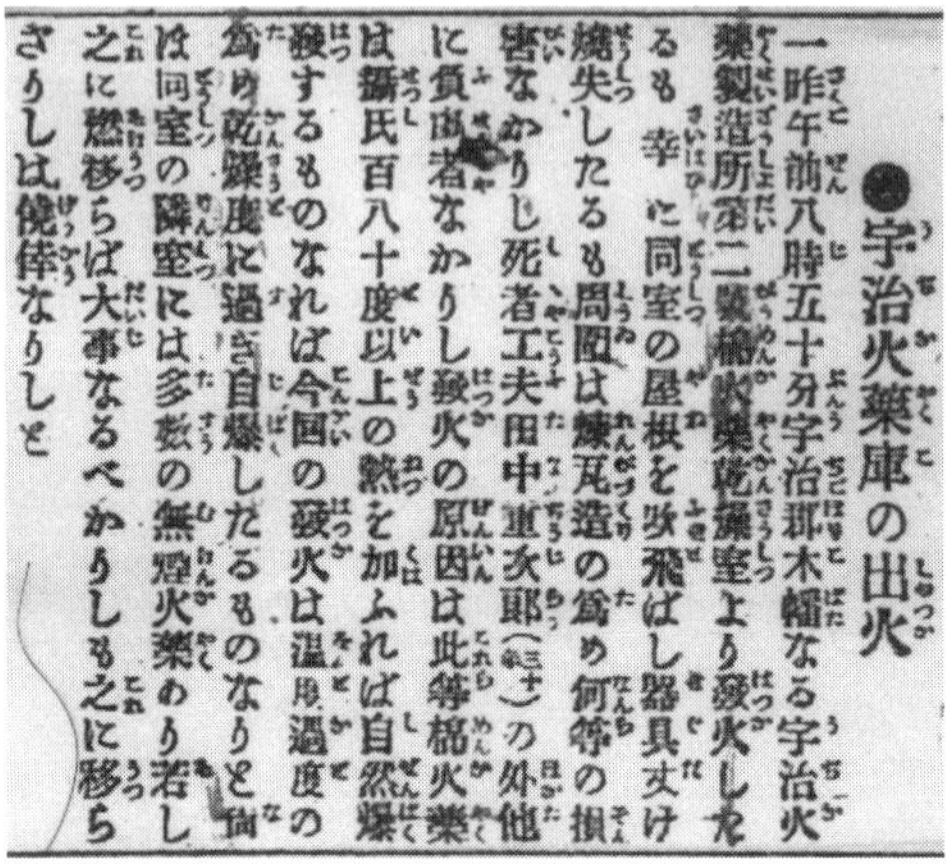

●宇治火薬庫の出火

一昨午前八時五十分宇治郡木幡なる宇治火薬製造所第二號棉火薬乾燥室より發火したるも幸に同室の屋根を吹飛ばし器具丈け燒失したるも同室は煉瓦造の爲め何等の損害なかりし死者工夫田中重次郎(三十)の外他に負傷者なかりし發火の原因は此等棉火薬は攝氏百八十度以上の熱を加ふれば自然爆發するものなれば今回の發火は温度過度の爲め乾燥度に過ぎ自爆したるものなりと而は同室の隣室には多数の無煙火薬あり若し之に燃移らば大事なるべかりしも之に移らざりしは僥倖なりしと

図10　第１回目の火薬庫爆発を伝える記事

二回目は一九〇九（明治四二）年八月三一日、宇治火薬製造所にて爆発事故。「同町各民家の戸障子は一時にブルブル震ひ出し棚の上に備付けありし器物の散亂落下する等の變事を生じ」「廃棄火薬の爆発期を試験する處豫て同所西南隅宇治川沿岸の土中と深く埋め置きし二キログラムの火薬が豫期せし爆発」（『日出新聞』（一九〇九（明治四二）年九月二日）と報じている（図11）。

三回目は一九一三（大正二）年二月二二日、これも宇治火薬製造所で爆発事故。

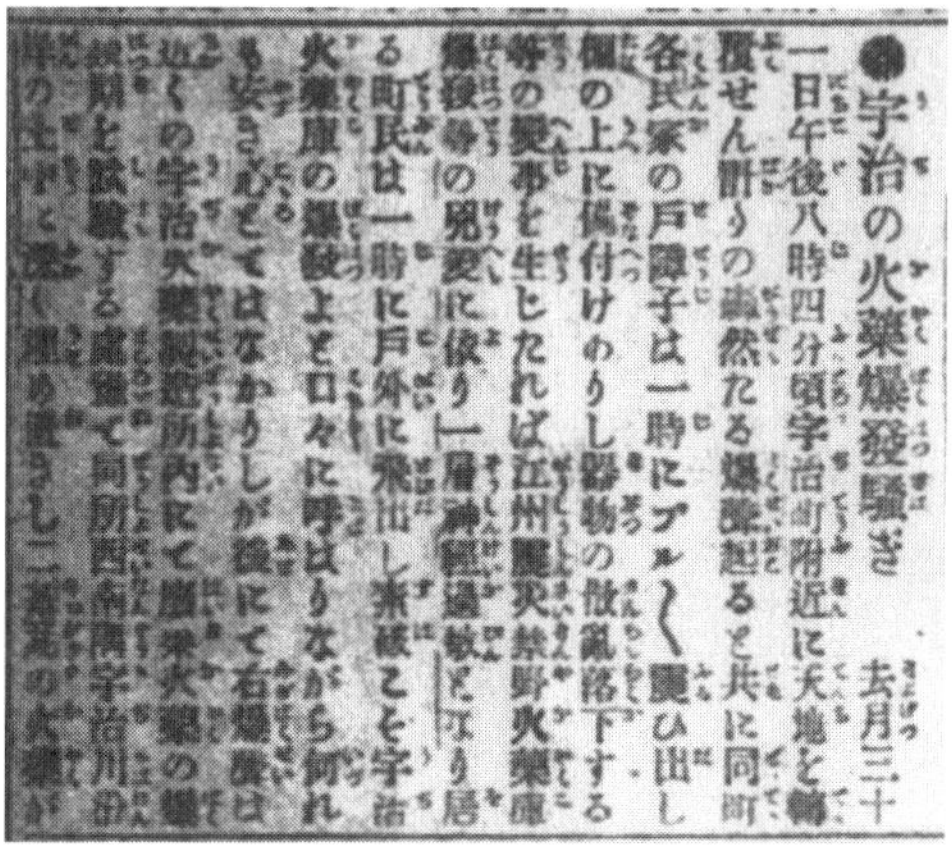
宇治の火薬爆發騷ぎ　去月三十
一日午後八時四分頃宇治町附近に天地を轉
覆せん許りの轟然たる爆聲起ると共に同町
各民家の戸障子は一時にブル〳〵震ひ出し
棚の上に備付けありし器物の散亂落下する
等の變事を生じたれば江州[illegible]火藥庫
爆發等の兇變に依り一層神經過敏となり居
る町民は一時に戸外に飛出し素破こそ宇治
火藥庫の爆發よと口々に呼はりながら何れ
も安き心もてはなかりしが後にて右爆聲は
近くの宇治火藥製造所内にて[illegible]火藥の爆
發期を試驗する爲め[illegible]同所西南隅宇治川沿
岸の土中に深く埋め置きし二萬[illegible]の火藥が

図11　２回目の火薬庫爆発を伝える記事

「二月二十二日五ケ庄村のトロッコ軌道上で運搬中の火薬が爆発して起きたものである。これは火薬庫より黒色火薬を積み出し、宇治川沿岸の御殿浜までトロッコ二台で運搬中、誤って前のトロッコが転覆したところへ、後ろのトロッコが急勾配のため停車できず、衝突して爆発したものである。」「これにより付近の人家は三〇〇余軒にわたって家屋、戸障子に被害をうけ大混乱を招いた。」

（『宇治市史４　近代の歴史と景観』）

四回目も宇治火薬製造所。一九三七（昭和一二）年八月一六日であった。

「最も危惧していたことが、昭和十二年八月十六日午後十一時十分過ぎに起った。火薬製造所の爆発である。爆発は夜間作業中のとき火薬に引火し爆発したものであって、近くの作業場、倉庫に引火した……更に四〇分をへて二回目の爆発が起り、五ケ庄野添・寺界道および大八木島方面の民家や茶小屋に飛火し、各所に火災を起こした。付近一里（約四キロメートル）四方は大音響とともに木端微塵となってしまった。……更に午前零時過ぎには三回目の爆発が起こり、宇治川を隔てた槇島にも火災が発生した。多数の住民は黄檗山方面へ避難し負傷者は陸軍病院その他へ続々運ばれた。そして火は午前二時半頃になってようやく鎮火した。……損害は家屋の全壊一四二戸、半壊一三九戸、小壊七〇〇戸に及び、付近全戸数の半分以上が被害を受けるという予想以上の大きさであった。犠牲者は死亡七名、重傷四名、軽傷十四名と発表されているが、実際の負傷者はもっと多かったものと思われる。」（「宇治市史４（近代の歴史と景観）」）

お盆が終わり京都市内では大文字などの五山の送り火があったその夜のことであった。五回目は一九五一（昭和二六）年一〇月二九日、宇治火薬製造所分工場で爆発事故。

「旧宇治火薬廠は、昭和二十六年になってやっと本格的に解体されようとしていたのである。しかし伏見区向島地内にあった火薬廠分工場では、当時大量の火薬が放置されたままであった。解体作業中に火薬タンクが大爆発を起し、即死三人、重傷五人の惨事をひきおこしたとき、どこまで誘発するのか見当もつかなかった。昭和二十六年十月二十九日午前のできごとである。」

（『京都新聞』一九五一（昭和二六）年一〇月三〇日付）

そして六回目は原子炉設置が話題となっていた一九五七（昭和三二）年二月一三日、再び宇治火薬製造所分工場で爆発事故。

「十三日午後一時四十五分ごろ……下請け人夫がアセチレンガスでスクラップの解体作業中木オケに残っていた黄色火薬が突然大音響とともに爆発、（作業員に死者も出て）現場の建物は鉄骨を残して吹き飛び、十一万五千坪の同分室構内の建物百二十九むねの窓ガラスの大半も吹き飛ばされ、爆音と黒煙は宇治市や伏見、山科方面でも感知され、約一キロ離れた同区桃山町遠山桃山学園の窓ガラス四十枚も吹き飛ぶなど部分的に相当の物的被害があった。」（『京都新聞』一九五七（昭和三二）年二月一四日付）

以上みてきたように、宇治火薬庫・火薬製造所の六回もの出火・爆発事故の経験から、木幡・五ケ庄の住民は火薬に対して大きな警戒感や恐怖心があった。

一九四五（昭和二〇）年八月の広島・長崎への原爆投下、一九五二（昭和二七）年三月の太平洋ビキニ環礁での水爆実験による第五福竜丸をはじめとする漁船乗組員の被曝によって、当時の日本人は原子力の怖さを知っていた。それだけに「火薬より恐ろしい原子炉」（一九五六（昭和三一）年六月二八日、宇治市議会で藤井治男市議）という言葉は当時の住民の偽らざる心情であったろう。

一九五三（昭和二八）年一二月、アメリカのアイゼンハウアー大統領は国連で「平和のための原子力（Atoms for Peace）」と演説。日本でも『読売新聞』が中心となり「平和のための原子力」展覧会を開催、世論の誘導を謀る。

3　住民は火薬製造所復活を許さなかった

一九五〇（昭和二五）年六月、朝鮮戦争勃発。この頃、火薬製造所復活の動きが出てくる。戦時中、国内の火薬製造所の多くは空襲により破壊されていたが、宇治の火薬所は爆撃をまぬがれていた。

住民は一九五二（昭和二七）年六月二一日、宇治市議会に火薬製造所復活反対の請願書を提出する。

請　願　書

紹介議員　藤本清治郎

趣　旨

在京都市伏見区向島旧宇治火薬製造所木幡分工場に対し、日本火薬、旭化成、三井化学、日米ＭＧＳ及び日本珪素樹脂の五社が払下の競願を致しております。

日本珪素樹脂は通産省より補助金を受ける有望なる平和産業なれども、他の四社は火薬製造の会社であります。

抑々東宇治地区は山の火薬庫、黄檗の本工場、この分工場のため長い年月、土地の発展は阻害され、住民は不安の下に生活して来ました。

亦若し火薬製造所の復活が実現されたる暁は、右以外に戦争の場合、空襲爆撃の対象になる憂れあること火を見るより明らかであります。

地下（もと）として斯る危険不安な軍需産業より安全然も有望なる平和産業を誘引して土地の発展と住民の福利を計られん事を最も希望熱願致す処であります。

先般、山崎市長始め市会総務委員会も火薬製造所復活反対、有望平和産業の誘引賛成を声明されました。

依って市会においても火薬製造所の復活反対！有望平和産業の誘引！を全会一致決議の上、京都市に働きかけると同時に、市民大衆の下からの盛り上る猛運動を展開指導せられん事を切に要請致す次第であります。

右請願いたします。

昭和二十七年六月二十一日

請願人代表

宇治市木幡内畑三番地

加賀見政太郎

請願人

宇治市菟道只川二五ノ二

東宇治遺族会長　金井金一郎

宇治市五ケ庄芝東四七

遺族会副会長　渡辺勝之助

宇治市五ケ庄西浦五七ノ二

遺族会理事　斉藤信治

宇治市木幡内畑二　桑原善三

宇治市五ケ庄岡本二七　植村庄三郎

宇治市五ケ庄大林　名倉精一

右の請願を可決した宇治市議会は、次の意見書を全会一致で採択し、関係者に送付する。

宇治市議会議長

小山元次郎　殿

旧軍施設使用に関する意見書

本市とその境を一にする京都市伏見区向島に在る旧軍施設（旧東京第二陸軍造兵廠宇治製造所分工場）

を、数会社が火薬製造事業経営のため、その使用許可を申請しているようであるが、火薬製造事業はその製品の性質上その工場附近の市民は、生命の危険に曝され、尚事故発生による被害の惨酷且広範囲に亘ることは、過去の歴史に徴して明らかなところである。特に昭和十二年八月十六日の宇治製造所大爆発による惨状は、今尚市民の脳裏に生々しいものがある。これが故にこの地附近は従来から新に居住する者がなく自然地価の低下を来し、土地の発展を著しく阻害していたものである。いまこれを火薬製造工場として使用を許可される如きことあれば、再び市民が生命の危険を感じ、極度の不安を招くは必至で、剰(あまつさ)えこの地区は、将来新興都市としての本市の最も有望なる影響を与えることは、火を見るよりも明らかである。よって政府におかれては、この実情を深く洞察され、これが使用許可については、深甚なる考慮を拂われんことを強く要望して止まないものである。

右地方自治法第九十九條第二項の規定により意見書を提出する。

昭和二十七年六月二十四日

京都府宇治市議会議長　小山元次郎

内閣総理大臣
大蔵大臣
通商産業大臣
近畿財務局長
全京都財務部長　宛

その後、同年九月に火薬製造所設置反対特別委員会を立ち上げる。この特別委員会は、奇しくも一九五一

（昭和二六）年三月に五つの町村の合併によりできた宇治市にとって最初の特別委員会設置であった。

同年九月六日、特別委員会初会合が開催され、「①地元東宇治の有志によって集められた同火薬廠反対署名簿を持って九日午后一時六分発ハト号で藤本、大石両委員が東上、陳情する。②この陳情后の情勢如何によって市民に呼びかけ、全市あげての大反対運動を行う予定、③この反対運動と併行して、平和産業誘致に総力を注ぐ。」（『洛南タイムス』一九五二（昭和二七）年一〇月九日付）ことを決定する。

やがて火薬製造所復活の動きをめぐって宇治を中心に反対運動と再開促進の運動が激しく展開される。三〇団体が加入している南山城平和会議は一九五二年九月五日、「宇治火薬廠が復活すればどうなる」懇談会を開催。以降、復活反対の署名・宣伝活動を繰り広げる。地元木幡の茶業関係者は松北園の川上美貞や林屋製茶の林屋新一郎などが中心に反対運動を展開する。対して、火薬所再開派は元火薬製造所に関係していた者を中心に東宇治分工場再開促進同盟を結成、「失業救済、地元繁栄」を訴える。

一九五五（昭和三〇）年一月に蜷川虎三京都府知事より火薬製造所復活についの意見を求められていた池本甚四郎宇治市長は、同年五月二六日、「爆発性火薬類なら反対」との答申を行う。ここに三年間にわたり議論されてきた火薬製造所復活問題は一応の決着をみた。しかしその後も火薬製造所復活を企図する動きは度々繰り返され、そのたびに市民・市議会は拒否する。


【注】「宇治市史」全六巻には火薬庫・火薬廠の爆発事故についての記述はあるが、研究用原子炉を「宇治を第一候補地」とした問題についての記述はない。「宇治市史年表」の昭和三二（一九五七）年に次の記載がある。

1・9　関西原子炉設置準備委員会が、京大の実験用原子炉を設置する第一候補地を木幡の火薬製造所跡と決定する（京都）

1・25　市が実験用原子炉についての説明会を、京大・阪大の原子炉関係者を招いて説明会を開く（宇治市政）

2・5　宇治原子炉設置反対同盟が結成され、二十二日、木幡公民分館で原子炉反対区民大会が開かれる（京都労働運動史年表）

3・22　宇治原子炉設置反対同盟と木幡婦人会が、原子炉設置反対の請願書を市会に提出し、七月二日採択される（京都）

8・15　京大原子力利用準備会が原子炉の木幡設置を断念する（京都）

（記事末尾の「京都」は『京都新聞』、「宇治市政」は宇治市が当時発行している広報誌）

「宇治市史」の編纂は、原子炉設置反対運動が展開され、宇治設置を放棄させた時期から一三年後の一九七〇（昭和四五）年から開始され、一九年後に出版完了となっている。

第四章　原子炉設置反対運動の展開

1 「反対同盟」結成

一九五七（昭和三二）年一月九日開催の第三回設置準備委員会が「宇治を第一候補地」と決定して以降、候補地となった宇治市木幡の住民はどのような動きをしたのだろうか。

一月一三日「地元木幡の青年会代表、茶業関係者、地元出身の藤井市議が集まって今後の反対運動について協議した結果、藤井市議を通じて市当局、市議会に反対を強力に働きかける」（『洛南タイムス』一月一七日付）

一月一四日「藤井治男宇治市議は十四日午後市役所で岩井市会議長と面会、同市木幡地区に設置が決った実験用原子炉問題につき『原子炉は一日二百トンの水を使用するため、東宇治一帯の飲料水が汚染する危険があるので市会として設置に反対して欲しい。また早急に市会を開き、態度を決めて欲しい』と申し入れた。これに対し岩井議長は、いまのところ原子炉そのものの実態もわからないので、関係者を招き二十日ごろ説明会を聞いた上、市会を開きたい」と答えた。」（『京都新聞』一月一五日付）

一月二三日「阪大理学部教授、理学博士槌田龍太郎氏は、……茶問屋松北園支配人川上美貞氏宅を訪ずれ、藤井市議をはじめ同地区の茶業者、茶製産家ら十四、五名の前で『阪神八百万住民の生命をおびやかす実験用原子炉宇治設置に私は公衆衛生の面から職をとして反対する』と……実に六時間に亘って力説……当日集った川上氏や藤井市議はもちろん木幡地区茶業者などは宇治市民の公衆衛生上からも、宇治茶を守るためにも原子炉設置には反対、川上氏宅に宇治設置反対本部を設け、反対運動ののろしをあげる決意を固めるに至った。」

（『洛南タイムス』一月二四日付）

一月二五日午前一〇時から京都市伏見区において原子炉設置に対する説明会、午後二時からは宇治市主催の原子炉問題の説明会を宇治小学校で開催。この説明会には京都大学側から一一名、大阪大学側から二名が参加した。この時の発言を『洛南タイムス』（一月二六日付）に見てみよう。まず地元木幡の人々の声である。

「各教授とも原子炉には絶対に安全ですと主張されているが以前にカナダにおいて原子炉が爆発した話を聞いている。また教授方の危険防止に対する技術論を信用しても、その設備をおこなうについての財源が、果して予定どおり確保されるか不安である。」（加賀見政太郎）

「京大教授達のお話は余り結構づくめで不安でならない。原子炉の安全性について京大と阪大に見解の相違があると聞くが、地元民としては全部の学者によって安全であるとの保障が得られない以上は原子炉の設置は絶対反対である。」（茶問屋松北園専務・川上美貞）

「その位安全なものならわざわざ宇治までもってこなくても大学内に設置すればよい。京大の教授の説明はどうも納得できない。林工研所長などは宇治の原子炉設置がうまく行かなかったら首をつると語ってい

るそうだが、林所長に首をつられても宇治市民は助からない。」（藤井治男宇治市議）

続いて聴衆として参加していた大阪大学理学部の槌田龍太郎教授。

「さきから傍聴席で聞いていたら、説明に立った京大の先生達は絶対安全、全然という言葉を再々使用していられたが、このような言葉は自然科学を研究する者の発言としては実に無責任な言葉であり京大の先生は完全に汚染を除くことが出きると説明したが、私の知識では完全に取り除くことは不可能である。」

「完全な汚染処理が不可能な以上、自分たちの研究に都合がよいという理由から地元や阪神八百万の住民に危険が予想される宇治原子炉設置は絶対許されない。」

さらに大阪大学の石野工学部長。

「準備委員会としては絶対安全の設備があれば宇治に設置するという結論であるので、阪大側としては絶対安全であるとの保障が得られれば宇治に設置異存はないが、安全に自信がない場合は宇治を放棄して他に候補地を選定しなければならないと思っている。」

この発言は、この時期、石野工学部長（設置準備委員会委員）に限らず、大阪大学の設置準備委員会委員の多くの意見であった。

二月二日「木幡公民館で開らかれた藤井市議の市政報告会のあと同夜出席した大阪市大教授平岡憲太郎、社会党員加賀見政太郎、郷土史研究家清水権次郎の各氏ら四十名が同市議を囲み、原子炉問題についていろいろ討議した結果、全部落民の意志を早急にまとめて反対運動に着手することになり」

（『洛南タイムス』二月五日付）

二月五日「宇治市木幡地域では町内会長、茶業者、農業組合、青年会、婦人会、母子会など各種団体代表者が集って協議の結果「宇治原子炉設置反対同盟」を結成。役員は次のとおり。

会　長　　大石源一

副会長　　松本直輝　山崎政栄

事務局長　平岡久夫

書　記　　浅井　明、新　悦治、北川　登

幹　事　　各町内会会長を始め各種団体長」

（『洛南タイムス』二月六日付）

反対同盟が結成される前後のことを平岡久夫さん（反対同盟事務局長、茶生産業者、のちに宇治市議会議長、当時二八歳）にお聞きした。

「若かったので当時のことはよく覚えている。原子炉ができたらお茶に対する風評被害が怖かった。川上さんがアンケートをとったらほとんどが買わないような回答だった。平岡の家は代々茶の生産をして問屋に売っていた。私も当時は茶生産を仕事にしていた。……私が反対同盟の事務局長になったのは、当時青年会長をしており、若くて行動力があったからだと思う。……この反対同盟が結成されると、運動資金として各々三千円出そうということになった。平岡憲太郎さんは三万円出した。おそらく一か月分の給料分は出している。……宇治市の提出した請願署名簿の表紙は私が墨で書いた。

……原子炉の問題があった数年前に第五福竜丸が被ばくしたことがあり、当時「原子マグロ」と言ってしばらくの間マグロを食べなくなった。……大石さんを会長にしたら誰も納得すると思った。反対同盟副会長の山崎政栄さんは東宇治の婦人会長。当時は婦人会、青年団の活動が活発だった。

……木幡公民館で開催された懇談会（二月一〇日）に岡本病院の院長だった岡本隆一代議士が来て、「これからは原子炉が中心。百姓・一般人は原子と聞いただけでヘビやカエル・オバケみたいと怖がる。原子炉は安全だ。科学者は危害を及ぼすものは何か、安全とは何かを確認してからものを言う。地元に原子炉をつくることが悲願だ」と言ったことが火に油をそそいだ
……大阪大学の槌田教授が知識を持って来られた。初めて聞くこともあったが、何も知らない者にとってはすーっと入ってきた。学者は「実験炉は分厚いコンクリートで二重にしているので安全だ」と言ったが、槌田教授は「コンクリートは永久的なものではない。何十年もしたら劣化する」と言われた。……湯川秀樹さんは科学者であまりしゃべらない人のようだった。私らが京大に行って話し合いをしていると、湯川さんは答えず弟子の西教授が返答していた。「空気汚染は大丈夫」というので、「なんで気象観測をしているのか」と言うと、西教授ははっきりと答えない。

……大阪府会には何回も行った。二年程前から調査していたようだが、最後に水源地問題で反対になった。京都府は（設置反対の陳情に行っても）いっさい何も言わなかった。蜷川知事は会ってくれなかった。蜷川知事が京大出身ということもあり、職員は知事に忖度していた。学閥は理屈を超えてある。当時原子炉が京都に造られたら京大関係者が七割、大阪に作られたら阪大関係者が七割になると言われていた。

……（藤井治男市議のことを聞くと）本当によく頑張った。昼間は国鉄で仕事をして、帰ってからは議員活動をしていた。大阪府へ藤井議員らと行ったら（四月二二日）、大阪府は反対すると表明した。藤井さんは「これで原子炉は来えへん」と安心して寝て、夜中に急死した。葬式には行った。藤井家は茶箱をつくっていて、治男さんは長男で、次男か三男が仕事を継いでいた。藤井さんが亡くなった後、木幡からなかなか議員が出なかった。

2 「原子力の平和利用」VS原水爆禁止運動

宇治に原子炉設置問題が起きたこの時期は、「原子力の平和利用」の名の下に原子力政策が進められ、他方で原水爆禁止運動が発展していた。以下、当時の主な動きを列記する。

・一九五三（昭和二八）年一二月、アメリカのアイゼンハワー大統領が国連総会で「原子力平和利用」演説。
・一九五四（昭和二九）年三月、二九年度予算で日本初の原子力予算成立。
・一九五四（昭和二九）年五月九日、原水爆禁止署名運動杉並協議会結成（議長・安井郁）。
・一九五五（昭和三〇）年七月九日、「ラッセル・アインシュタイン宣言」を公表。湯川は署名。
・一九五五（昭和三〇）年八月六日、第一回原水爆禁止世界大会開催。
・一九五五（昭和三〇）年一〇月、新聞週間標語は「新聞は世界平和の原子力」。
・一九五五（昭和三〇）年一一月から翌年にかけて読売新聞社が中心となって「原子力平和利用博覧会」開催。この博覧会は東京をはじめとして被爆地広島でも開催。

・一九五六（昭和三一）年一月一日、原子力委員会発足。
・一九五六（昭和三一）年八月九日、長崎で第二回原水爆禁止世界大会開催。

面談させていただいた加藤利三京都大学名誉教授は、「当時、自分は京大理学部の院生だった。当時の学術会議の原子力に対する姿勢は、原子核研究（基礎研究）はすすめるが、原子力研究（応用研究）には慎重であった。学術会議の「原子力三原則」は朝永教授、坂田教授などの基礎研究の人々が中心になってまとめた。政府が進めようとしていた『原子力の平和利用』は、原水爆反対運動を抑える狙いもあった」と語る。

当時の日本政府の原子力政策は、「電力需給ひっ迫」を口実とした原子力発電の早期導入であった。これに対して湯川秀樹ら物理学関係者は基礎研究の重視を主張していた。

当時、原子炉のないわが国の原子炉についての知見はほとんど海外の文献に頼っていた。そうした文献に「安全」とあれば、検証することもなく国民に向けて「安全」と喧伝するような状態であった。次の報道はこうした雰囲気をあらわしている。

「京大側の教授の間では「今度の原子炉などは、ほんのビーカーみたいなものだ。外国のことを考えたら、京大の農学部グラウンドに置いても大丈夫だし、その方が研究や教育にはずっと便利なくらいだ」とか「これだけ技術的に万全を期しているのに、なおシリ込みしたり、恐れたりするのは、まるで明治維新のころ、汽車にビクビクしたのと同じだ」という積極論が強く支配している。」（『朝日新聞』一九五七（昭和三二）年一月一二日付）

このような状況下での反対運動には多くの困難があった。

3　反対同盟の運動の軌跡――川上美貞の手帳より

反対同盟の運動については当時の新聞にも掲載されているが、反対同盟幹事として運動の中心的役割を果たしていた川上美貞（茶問屋松北園専務、当時六三）は手帳に克明な記録を残している。

宇治市有権者の四割近くが反対署名に応じる

研究用原子炉の宇治設置に反対する請願署名は宇治市長、灘尾文部大臣、湯川設置準備委員会委員長あての三部が作成された。なお、この署名活動は、「きのう六日同盟本部を国鉄木幡駅前の藤井治男市議宅に設置すると共に反対署名運動を開始するなど、原子炉反対へ早くも活発な動きを見せている」（『洛南タイムス』一九五七（昭和三二）年二月七日付）とあることから、二月六日頃から開始されたとみられる。

当初、署名活動は設置予定地の木幡・五ケ庄から始まった。「手帳」によれば、署名用紙は一枚の用紙ではなく、何枚かを綴った、いわば奉加帳のようなものを手渡し、それぞれ番号をつけていることから多くの者に依頼していたことがうかがわれる。署名数は、三月二一日で二一五二

年	人口（人）
1945（昭和20）年	31,740
1950（昭和25）年	38,231
1955（昭和30）年	40,061
1960（昭和35）年	47,336
1965（昭和40）年	68,934
1970（昭和45）年	103,497
1975（昭和50）年	133,405
1980（昭和55）年	152,692
1985（昭和60）年	165,411
1990（平成2）年	177,010
1995（平成7）年	184,830

（宇治市歴史資料館資料より）

図13　宇治市の人口変遷

選挙期日	選挙区分	有権者数
1955（昭30）年2月27日	衆議院議員	21,803
1956（昭31）年1月15日	参議院議員（補欠）	22,016
1958（昭33）年4月11日	知 事	24,281
1958（昭33）年10月30日	市 長	25,640

図14　宇治市有権者数推移（宇治市選挙管理委員会「選挙のあゆみ」より）

筆、三月二六日で三九九八筆、四月二三日で一万一八一二筆（内訳は宇治市九〇六四筆、宇治田原町一三五筆、井手町九一五筆、京都市伏見区その他一六〇五筆）となっている　当時、宇治市の有権者数は二万三千人程度（図13・14）。宇治市内で集めた署名数九〇六四筆は有権者の約四割に達している。ちなみに宇治市内の署名数を大字ごとにみると、「志津川五〇、菟道三七六、五ケ庄一三〇四、木幡一一二一、六地蔵一二六、宇治四三四七、槇島五〇七、伊勢田三八〇、小倉八五三」と記されている。

次の請願書は宇治市議会事務局に保管されて当時市議会に提出された請願書の写し（議会提出用に議会事務局が罫紙に書いたもの）である。

請　願　書

紹介議員

松下　林㊞　　金井金一郎㊞
山中　登㊞　　上林種太郎㊞
藤井治男㊞　　菅野久三郎㊞
和田寅久㊞　　植村庄三郎㊞
脇田政一㊞
川田平八郎㊞
林　憲造㊞

我々一同は、旧火薬製造所木幡分工場跡に関西研究用原子炉が設置されることに反対致します。設置反対の理由は種々あり、その中から二、三の点を列挙すれば、先ず

第一、原子炉の運転及び附属研究所における実験、研究の安全性について専門学者間に意見の不一致があり、我々宇治市民は不安の念を強く抱かざるを得ないこと。

第二、原子炉および附属研究所における種々の実験、研究の際出る人体に有害な放射能によって外気や水が汚染される危険が充分あること。

第三、汚染された空気を宇治市民が日夜呼吸しなければならない危険があるばかりでなく、汚染された水が地中にしみこみ日々使用する井戸水が汚染される危険があること。

第四、空気汚染によって米や茶の木等農作物が汚染される危険があり、これらの人体に有害な放射能によって汚染された農作物を我々宇治市民が毎日飲食することによって、五年、十年或いは二十年後に原子病に倒れる危険があり、我々の子孫に悪性遺伝素質を与えないとの保証が何等ないこと。

第五、今日設置せんとする原子炉の危険防禦措置に関する予算の裏付けは、何等保証されて居らず来年度以降の継続工事に対し予算削減される可能性が充分あり、それによって防禦措置が充分行われず、安全性が確保されない危険性が多分にあること。

第六、我々宇治市民が身を以て体験した昭和十二年八月の火薬庫の爆発の如く、取扱者の不注意による過失によって万一原子炉が暴走したり、種々の不測の事故が起った場合、その被害を蒙るのは我々宇治市民であること。

第七、去る二月二十八日に大阪府会、三月一日に大阪市会が夫々全会一致を以て、原子炉設置反対決議を行い、断乎反対運動に立上っているのは、阪神地区幾百万市民の飲料水が放射能によって汚染されるこ

とを懸念すると同時に、また彼等市民の将来の保健衛生の点を深く憂慮する為であること。

第八、尚天ヶ瀬ダム建設等宇治川治水の問題については、大阪府会等にも非常な協力を得て行われた点をわれわれ宇治市民は、この際記憶を新たにするものであり、宇治川に関する問題は、大阪と不可分の関係にある点に大いに留意する必要があること。

勿論、我々宇治市民は、日本における原子力の平和利用に関する研究が行われることに反対するものではありませんが、以上の諸理由によって原子炉宇治設置に絶対反対致します。

別紙署名簿の通り、我々宇治市民の大多数が原子炉宇治設置に反対の意思表示を行った点を充分御高含頂き、貴市議会に於て有効適切な措置を早急に採られんことを請願する次第です。

昭和三十二年三月

宇治原子炉設置反対同盟

大石源一　㊞
川上美貞　㊞
田中定助　㊞
北岡栄一　㊞
小山政次郎　㊞
岡田甚次郎　㊞
林屋新一郎　㊞

宇治市議会議長岩井益三殿

署名人　高山ハツ他　四、〇二八名

この請願書をうけて、宇治市議会は、三月二六日に「宇治原子炉設置反対に関する請願審査特別委員会」を設置する。委員に林、脇田、稲田、藤井、植村、木村、菅野、和田の八議員を選出し、委員長に稲田宗太郎、副委員長に藤井治男を選出。その後、特別委員会は二班に分かれ、各地・各分野への調査を実施した。六月二八日本会議で特別委員会報告と質疑を行い、全員一致で請願書を採択。七月二日付で「関西研究用原子炉設置反対に関する意見書」（全文は巻末資料）を総理大臣、原子力委員会委員長、設置準備委員会委員長等へ送付した。請願人にある林屋新一郎は林屋製茶の当時の社長である。小山政次郎は、当時京都府茶業協会会長・小山英二の兄である。

請願書の内容には八点にわたって反対理由を述べるが、最後に「我々宇治市民は、日本における原子力の平和利用に関する研究が行われることに反対するものではありません」としている。同様の言い回しは大阪府・大阪市の議会決議にもある。国の「原子力の平和利用」キャンペーンの一定の浸透がみてとれる。

宇治全域に及ぶ大量宣伝

手帳の三月一二日の日付部分に「宇治市の皆さんへ　宣伝ビラ」とある。

「宇治原子炉設置反対同盟では目下市内全域、近辺町村で行っている反対署名運動に併行してあたらしく宣伝活動をおこなうことになり、まずきのう十五日を中心に〝宇治市民のみなさんますます団結を固くして宇治原子炉設置を粉砕しましょう……宇治市民は一人残らず設置反対署名を致しましょう〟との市民に反対を訴えるビラ一万枚を婦人会、青年会などの協力のもとに配布した。」

（『洛南タイムス』一九五七（昭和三二）年三月一六日付）

翌々日の三月一四日には署名を依頼する方に渡すためのビラが三千枚印刷されている（図15右は「手帳」の三月二〇日の部分に記されたものを再現したもの）。さらに三月二五日には「宇治原子炉絶対反対」のビラを三千枚印刷。このビラはかなりの量が電柱に貼り付けられていた（図15左）。

「宇治署警備課係では市内東宇治、槇島、宇治三地区を中心に全市に貼られている宇治原子炉設置反対同盟の原子炉反対ビラ二千枚の一部が電柱にベタベタと貼られているのを重視、町の美観を損ねるばかりか府屋外広告物条例第三条に違反するのでこのほど同盟松本直輝副会長に注告を発すると共に自発的に撤去するよう申入れた。

同署では五日現在、まだ撤去されていないので近く第二回目の注告を発し、それでも撤去されない場合は条例違反として関係者を呼び出し取調べを開始するといっている。」（『洛南タイムス』一九五七（昭和三二）年四月七日付）

宇治原子炉絶対反対
責任者
住所

図15　電柱に張り巡らされたビラ（川上の手帳によると「宇治原子炉」の文字は朱、「絶対反対」の文字は墨であった）

ビラ以外に立看板も作成・設置している。

「十二日から京阪木幡駅前に三尺平方の屋根付きの立看板を設けたが、さらに近く京阪黄檗駅、宇治橋詰など目貫きの市内主要箇所にも設置する計画である。」

（『洛南タイムス』一九五七（昭和三二）年三月一六日付）

反対運動の地域的拡がり

反対運動は当初は設置予定地の宇治市木幡を中心としていたが、やがて宇治市内全域に拡がっていった。宇治での反対運動を率いた一人が田中定助（当時三三歳）である。田中は当時、製茶業・山利（現在の辻利兵衛本店）の番頭であり、宇治市の消防団長も務めていた。田中定助は請願署名の請願者にもなっている。この田中定助の働きもあり宇治市での設置反対署名数は宇治市有権者の四割近く集まったわけである。反対運動の人々は署名や宣伝以外に各界への陳情も行っている。手帳には以下の記述があった。

「三月四日　（大阪）府会知事以下十二人　市会助役議長以下十二人　衛星都市十人上京議員会館に集合願い　地元議員全部決議文を提出原子炉宇治設置反対の建議了承を得て宇田委員長の了承おも得て各自手分けして衆参両院文部厚生政党本部を訪問陳情す

三月五日　大阪市会府会を訪問

三月七日　京大総長訪問　木村作治郎学生部長　光田作治課長

三月一九日　平岡氏大阪府会議長を訪問　紀州加太も指定地にあがる

三月二六日　午后前尾代議士来宇の機会に懇談会を開催　席上田中氏と自分が発言して原子炉反対の意思表示示して在り効果があった様です

四月二日　大阪府市会へ行き国会陳情に付て種々意見を聞く
四月四日　議員会館に岡本氏を訪ね今回の陳情の理由を説明せしが先生は無害とて矢張り宇治設置を希望する様なるが地元反対なれば別反対も無意味でない　文部省に岡野課長を訪ねた　前尾繁三郎氏病気にてお休み、秘書吉田和夫に会って陳情の主旨を申入れる」

『読売新聞』（一九五七（昭和三二）年三月六日付）には以下の記載がある。

「反対期成同盟副会長松本直輝氏、同事務局長平岡久夫氏ら宇治市木幡の住民五名は五日午前十一時、京大湯川記念館に原子炉設置準備委員長湯川秀樹博士を訪ね「学者の意見が一致していない現在、原子炉宇治設置案には地元こぞって反対する」との決議文を手渡すとともに、約一時間にわたって地元の反対気運を説明。これに対し湯川博士は「地元の反対を押切ってまで宇治設置を強行しようとは思っていないし宇治でなければならないと決めてしまったわけでもない」と回答した。」

第四回設置準備委員会に向けて、反対同盟からは多くの関係者が陳情のため上京している。『洛南タイムス』によれば、反対同盟会長大石源一郎、副会長松尾三代、川上美貞、平岡憲太郎、田中定助、府茶業協会代表の北村喜久治らの名前がある。

四月八日、茶問屋松北園で反対同盟の幹部会開催。この中で、陳情団の一人で松北園専務の川上美貞から「宇治に設置はとん座した。また文部大臣にも面談したが、同大臣も地元の意向にそうよう努力し善処するとの回答を得、私の判断では宇治設置は峠を越した感じである。」（『洛南タイムス』一九五七（昭和三二）四月

図16　視察団に陳情する反対同盟の人々（『京都新聞』1957年6月21日付）

九日付）との報告があったが、反対同盟としてはさらに反対運動を継続することを確認している。

六月二一日には国の設置予定地視察団に対して原子炉設置反対の陳情を行っている。

「関西研究用原子炉設置予定の宇治候補地を視察のため西下した参議院外務委員の竹中勝男、永野護、海野三朗の三氏は二十一日午前大阪府庁で辰巳府会議長らから宇治設置反対の意見を聞いたあと自動車で宇治入り、同午後三時京大工学部の岡田辰三、藤本武助両教授の案内で宇治市木幡旧陸軍火薬工場跡の候補地を視察した。……なおこの日午前八時から宇治原子炉反対期成同盟（大石源一会長）の茶業者ら三十人はお茶つみ姿の婦人を交えて同工場裏門前に座込み、視察を終えた三氏に設置反対を陳情（図16）五時引揚げた。」（『京都新聞』一九五七（昭和三二）年六月二二日付）

製茶業者の業界をあげての反対運動支援

宇治の製茶業者は業界をあげて原子炉設置反対運動を支援した。当時の京都府茶業協会の会長、小山英二は理事に往復葉書で意見を求めた。

「かねて理事二十二人に往復葉書で意見を求めていたが、十五日朝まとまった。この結果反対十五、賛成二、回答なし五で反対意見が圧倒的に多いことがわかったので近く理事会を聞いて協議した上で池本市長に意見書を提出、府茶業協会の態度を全市民に訴えることになった。」

（『京都新聞』一九五七（昭和三二）年二月一六日付）

この結果をふまえて理事会では陳情書を送付することを決定した。送付先は京都府知事蜷川虎三、京都市長高山義三、京都府会議長蒲田熊二郎、京都市議会議長室谷喜作と研究用原子炉設置準備委員会委員長湯川秀樹であった。

昭和三十二年二月二十六日

京都府茶業協会長小山英二

殿

原子炉設置について陳情

宇治市に設置を予定される原子炉問題について、茶業者の意見は次の理由により設置に反対であります。

右、陳情致します。

図17　小山英二（右）**と槌田龍太郎**（左）（京都市立第１商業学校卒業アルバムより）

一、学者の意見が不一致である以上、絶対安全であると云う確認が出来ぬ。
二、若し茶園が汚染された場合、宇治茶の声価は地に落ち、致命的被害を蒙ることになる。

（『京都府茶業百年史』）

同協会は陳情書以外にも文書を送付している。一月一七日に宇治市長へ「原子炉設置について御願い」（葉書）を郵送、二月一五日には宇治市長へ「原子炉の件」が郵送されている。なお、同協会は反対同盟に三万円の資金援助をしている。

研究用原子炉の宇治設置案が放棄された後も京都府下に設置する話はあり、そのたびに同協会は明確な態度を示している。

「宇治市木幡の騒ぎは一応おさまったものの、本府の茶業界はそのまま安堵することはできなかった。相楽郡和束町に原子炉を設置するという代替案としての問題が、それにつづいて発生したのである。
別記されたように京都府茶業協会は、昭和三十四年（一九五九）六月に京都府茶業会議所に改組していたが、翌三十五年三月の会議所理事会は、この和束町における設置を問題として取り上げた。和束町では、『最初前尾衆議院議員から話があったと言い、それでは研究してみようと、すでに原子炉誘致研究委員会を設けているということである。』との発言もあったことから、次のような結論を引き出している。すなわち、原子炉は絶対安全である、とは学者も云えないし、未知の世界であり、そこには恐怖感（不安）が出る。われわれとしては原子炉設置には絶対反対であって、この際茶業者としての意思表示をせねばならない。宇治に設置されようとした時と同じ理由で、同じ態度で反対を申入れることに決定するというのである。会議所理事会は早速、和束町誘致特別委員会、前尾衆議院議員、京都府などへ、この決議内容を申し入れたところ、京都府は、誘致に向けての協議会は出来たという程度のことで、何も具体的な内容が決っているということではない、との回答を口頭で伝えたという。幸いにもその後、この原子炉設置が進められることはなく、第二編に詳述されたように、同町は本府の有力な茶生産地として現在に至っている。」

（『京都府茶業百年史』）

反対運動は分裂せず——火薬所復活反対運動の教訓

原子炉設置反対の運動は、反対同盟を中心に一つにまとまっていた。この点は、数年前に起こった火薬製造所復活反対運動とは違った。

【注】同協会会長の小山英二と大阪大学教授の槌田龍太郎とは同窓生であることが新聞記事から判明した。小山茂樹さん（小山英二の御子息、宇治商工会議所副会頭、宇治茶伝道師）には以前にお話を伺っていたので、早速新聞記事、槌田龍太郎の略歴を送付したところ、京都市立第一商業学校（京都市中京区）の卒業アルバムに写っている二人の写真を送付いただいた（図17）。二人が在校している時期、原子炉設置問題が起きたときの市長・池本甚四郎が同校で教鞭をとっていたこともわかった。

火薬製造所復活反対運動には南山城平和会議などの運動と地元木幡の茶業関係者などの運動があった。当時の経過を『洛南タイムス』にみてみよう。

「南山城平和会議主催の〝宇治火薬廠が復活すればどうなる〟懇談会は五日夕より木幡公民館で開催大石宇治市議ら約三十名が集り午后十二時過ぎまで熱心に意見をとりかわした。席上川上茶協同組合理事長が「観光都市の真中に危険な火薬廠を造るのは絶対反対だ。自由党があやふやな態度をとるなら少々の利益があっても支持しない」と発言。大石市議も「市民の強力な支持さえあれば我々はどんな事でもする」と市民に叫びかけるなど活発を極め、主催者より大石市議に「市会は赤だの青だの云って我々の運動に協力しない市会だけの運動では弱いので提携してほしい」と要望。最后に四万市民が口を揃えて宇治火薬廠復活反対を叫ぶ様な強力な市民運動をおこし平和産業誘致に努力しようと申合せ散会。」

（一九五二（昭和二七）年九月七日付）

「反対派には〝目の前に危険な物が出来るのは困る（林屋製茶社長）〟と云う人から〝再軍備反対の一環として復活に反対〟と云う左派系の人まであるが「赤だ青だと云はずに政治問題ぬきで反対」（川上茶協組理事長）との意見圧倒的に強い。」（一九五二（昭和二七）年一〇月二一日付）

「宇治火薬所の復活の正否を巡って地元の意見が白熱化している時、左派社会党宇治支部に所属している革新派の茶問屋さんとして有名な市内宇治橋通り上林春松本店主上林春松氏は「火薬所復活に反対している各種団体はまちまちの見解や主張の下にまちまちの反対運動を起しているが、これは運動を弱体化させるもので、この際、大同団結一丸となって後一押と云はれている火薬所復活に反対する一大運動を推進させるべきである」との見解のもとに、これを統一する運動に着手、去る二日朝九時半ごろ……火薬所復活反対の茶業者代表市内木幡茶問屋林屋合名会社林屋新一郎、同松北園重役川上美貞氏らと懇談した。しかし林屋、川上氏らは我々は平和運動とかＭＳＡ体制反対を叫ぶ思想運動でないと、この呼びかけに応じなかった模様である。」（一九五四（昭和二九）年八月四日付）

「南山城地労協では来る二十一日常任委員会を開いて目下反対運動を推進している宇治火薬所復活問題について重大な決定を行う。この重大な決定と云うものは現在火薬庫復活反対運動を茶業者、学者、国宝保存協会、宇治市会、地労協、社共両党などがまちまちで各々の立場から反対運動を推進させているがこれでは力が非常に弱いので一本に統一しようと云うところから、この呼びかけを各種団体にするものである。この呼びかけは先に革新派の茶問屋さん市内宇治橋通り上林春松氏が同じく自由党系の茶問屋さん市内木幡林屋新一郎、川上美貞氏らが行っている火薬所復活反対運動の統一を呼びかけたがハネられたので地労協が変って再度呼びかけをするもので、その成果が期待されている。」

（一九五四（昭和二九）年八月一八日付）

火薬所設置反対運動は二つの流れが最後まで別々に反対運動を展開した。結果として、宇治市議会も火薬製造所設置反対特別委員会を設置するなどして、一九五五（昭和三〇）年五月に復活計画を断念させた。他方、原子炉設置反対運動が火薬所復活反対運動のように分裂しなかったのには、以下のような要因がある。

①「反対同盟」の組織は地元・木幡の各種団体をほぼ網羅した。前述のように、「反対同盟」の役員には茶業者だけでなく、町内会長、農業組合、青年会、婦人会、母子会など各種団体代表者が入っている。だからこそ、「木幡の住民は二二〇〇～二三〇〇でございますが、およそ、小さい者以外に一五〇〇の署名がわずか三日かそこらの間にここにちゃんとまとまったのでございます。」（一九五七年二月二一日、衆議

院科学技術振興対策特別委員会での川上美貞の意見陳述）というように、全住民への働きかけが迅速に実施された。火薬所復活反対運動によりようやく危険な火薬製造所復活を阻止でき、元通りのおだやかな故郷になることを願っていた住民が、その数年後に起こった原子炉設置計画に猛反対するのも当然である。

②一九五五年市議選で初当選した藤井治男市議は、川上美貞が国会での意見陳述のため上京する際に川上に同行するなど「反対同盟」の役員ではなかったが、重要な役割を果たした。火薬製造所復活反対運動の時期は南山城地方労働組合協議会の初代議長として革新派を取りまとめて反対運動をしている。しかし反対運動の終盤には茶業者を中心とする反対運動との統一をもちかけるが実現しなかった。

原子炉設置反対運動初期の一月一四日に「社会党宇治支部、宇治地区労に対しても反対運動の共斗を申入れた。」（『洛南タイムス』一九五七年一月一七日付）とある。火薬製造所復活反対運動の際には革新系の運動に参加していた南山城平和を守る会（会長上林一雄）も二月一六日に「原子力平和利用の三原則である公開、自主、民主が守られていないから研究用原子炉の宇治設置に対する反対運動に協力するという声明書を池本市長の他市議会、各種団体に提出した。」（『京都新聞』一九五七（昭和三二）年二月一七日付）というように、保守・革新問わず、全市民対象の運動の形成に尽力した。

③「反対同盟」の運動に田中定助が参加することにより、反対運動はより一層全市的な運動となった。田中定助は元宇治市議会議長で、当時は宇治茶の山利（現在の辻利兵衛本店）の番頭で、宇治市消防団長もしていた。「個人として」反対運動に参加し、幅広い人脈を使い、運動をあっという間に全市的に拡大した。

図18　宇治市議会議員選挙に立候補時の藤井治男（宇治市議会議員選挙に立候補時、川上美貞宅に置かれた選挙事務所前で）

藤井治男市議の活動と急死

後述する川上美貞の国会での陳述に宇治から同行した宇治市議会議員藤井治男（図18）は反対運動当初から中心的役割を果たした。藤井治男は住民による原子炉設置反対請願の紹介議員として市議会で次のように述べている。

「問題はすでに、国会の予算の審議にも付され予算に盛られました。そういつまでも慎重にかまえていることを許されない事態に立ち至っております。また同じ影響を受け、下流の枚方市以下二十四都市連合してこの宇治原子炉を危険なりと断定して、非常に活発に反対運動をしておられるという事情であります。折柄、当市在存する四千二十八名の方が連名で、宇治市の市会に対して、宇治市も同じようにこの危険な原子炉の設置に反対してもらいたいという

【注】藤井治男は茶箱製造を営む家の長男として生まれる。一九三八（昭和一三）年三月に旧京都市立第三商業学校を卒業後、旧陸軍宇治製造所に勤務。翌三九年に入隊。戦後、国鉄（現ＪＲ）に勤務。地元の木幡駅や木津駅などに勤務。一九五三（昭和二八）年一二月、約二〇組合が加盟する南山城地方労働組合協議会の初代議長となる。国鉄労組の南近畿地方本部地方委員や全国委員にも選出されている。一九五五（昭和三〇）年四月の宇治市会議員選挙に無所属で立候補、初当選。選挙公約には「火薬所跡地に住宅建設を」などを掲げた。この時の選挙事務所は松北園専務・川上美貞宅であった。

のが、この請願の趣旨でございます。」

請願書が全会一致で可決された後、「宇治原子炉設置反対に関する請願審査特別委員会」が設置されると副委員長に就任、精力的に活動を展開した。一九五七（昭和三二）年四月二二日には大阪府庁、大阪市役所、大阪大学などを訪問、各方面の反対運動の実情を調査したのち、翌二三日未明に急死。享年三六歳であった。

藤井の死後、五月一五日の市議会において、議会でともに活動した川田平八郎議員（宇治技芸学校、その後宇治高校で校長）が追悼演説をした。

4　川上美貞、国会で意見陳述

反対運動が盛り上がってきた二月二一日、衆議院科学技術振興対策特別委員会が開催され、反対同盟幹事の川上美貞は参考人として意見を述べた（全文は巻末資料参照）。川上は国鉄（現在ＪＲ）木幡駅から藤井治男市議とともに東京へ向かった。この時の状況を「昨日木幡の駅を出るときには、いなかの駅には、珍しく七、八十人の人が、女もまた男も見送ってくれて、わしがカバンを持ってやろうというようなことで、私は出発して、全く感激したのでございます。」（衆議院委員会意見陳述）と述べている。多くの住民がこの委員会での川上の発言に期待を寄せていたであろうことがわかる。

以下、陳述内容の抜粋である（全文は巻末資料）。

「われわれは何がゆえに不安全であると感じるか、……しかも、大阪、神戸のような大都市を下流に控えておる水源地である。」

「ことに科学というものは、一つを研究し、失敗してはまた進んで、そうして研究を完成する。この段階において、おそらく失敗ということがたびたび繰り返されるものであろうと思うのであります。」

「私が過去四五年向うに住んでおる間に、火薬製造所の大爆発が二回、小爆発が二回ありましたが、この四回ともいずれも人の手落ちであったのでございます。」

「私の方の店の者が東京へ来て、あんた方宇治に原子炉ができて、そしてこれが運営せられるようになったら、宇治の茶を買われるかと尋ねたところが、（三〇余軒のうち）二五人まで、そういうところの茶は買わなくても、茶というものには不自由がないから買わないということを言われる。」

「京都府茶業協会の会長をしている小山英治君が……アンケートをとってみましたら、……二二のうちで一九人の理事の回答でございますが、反対が一三人、賛成が二人、条件つきの賛成が二人、中立が一人、多数決決定が一人で、大多数が反対ということになっております。」

「われわれ地元が先日も公民館へ寄りまして、宇治の原子炉反対期成同盟というのを作ったのでございます。……宇治の池本市長も市会の方もきわめて事が重大だと見ておりながら、市会なんかも何ら働いておりません。」

「重大なる炉の設置を、既成事実を先に作ってしまって、そうして押しつけるようなことをするということは、民主主義に反するのもはなはだしい。」

「木幡の住民は二千二、三百でございますが、およそ、小さい者以外に一五〇〇の署名がわずか三日かそこらの間にここにちゃんとまとまったのでございますから、いかに地元の者は火薬にこり、また今度原子炉に驚かされるかということを心配しておることは、これをもってもわかると思います。」

反対運動は日常の平穏な生活と営業を守る住民運動であった。それゆえ圧倒的多数の住民を「原子炉設置反対」の共通目標に向かって幅広く統合することができた。戦前の鬱屈した生活から解放され、新憲法の公布により獲得した諸権利を思う存分活用し、署名、宣伝、陳情・請願などが取り組まれた。茶業者だけでなく、広範な人々の力の結集が、市議会や市長をも最終的には動かしたのである。その結果、第五回設置準備委員会（一九五七（昭和三二）年八月二〇日）において原子炉の宇治放棄が決定されたのである。

この住民運動は、原子炉設置計画を撤回させた日本初の出来事であった。世界的には、一九五八年、アメリカ合衆国のサンフランシスコ北部にあるボデガ湾の原発建設計画原子炉（研究用・動力用）設置計画を住民運動で撤回させた例がある。住民たちはこの地が地震地帯であり、ボデガ湾の美観への憂慮を訴えた。宇治原子炉放棄の翌年のことであった。このことから、宇治の運動は世界で初めて住民が原子炉設置を撤回させた事例とされている。

「……対して京都大教授が絶対の安全を強調。「すべての物理学者も、原子炉が原子爆弾のように爆発することはないということについては意見が一致している」「放射性物質が外に出ることはまず考えられない。宇治川へは一滴も流さない」と反論した。その論点は約半世紀後、福島の原発事故で苦く、繰り返されることになる。」「原子力関連施設の立地は都市部を避け。沿岸部の地方という日本の構造は、宇治の設置反対運動が原点ともいえる。」（「戦後七〇年　折り鶴と原子の火」『京都新聞』二〇一五（平成二七）年八月八日付）

図12　原子炉予定地の現在

今日、日本全土には停止中のものも含め五四基の原発があり、その他研究用原子炉や核物質処理施設などを含めると全体で一〇〇近い核物質を扱う施設が存在する。核は私たちの身近に存在する状況になった。右の記事が指摘する今日の原発をめぐる状況。宇治の先人の運動に学びながら原発も含め原子力や核に私たちはどう向き合うか、国民的議論が今日求められてはいないだろうか。

原子炉の宇治設置計画放棄後、地元住民や宇治市などは約六万坪の土地を住宅地にすることを要望。一九七〇年代になり、約六万坪の土地には、京都市伏見区側にＵＲ都市機構（元・日本住宅公団）桃山南団地が五三棟（一四〇〇室、約四万坪）、宇治市側に戸建て住宅などが約二万坪に建っている（図12）。

第五章　原子炉設置に対する自治体の対応

1　宇治市

一九五六（昭和三一）年六月二八日、宇治市議会で藤井治男市議は次のような質問をした。市議会における原子炉問題に関する最初のものであった。

「木幡の火薬製造所のあとに、京大が原子炉を設置しようとしております。これは私は、火薬製造所の復活には強く反対してまいりましたが、火薬より恐ろしい原子炉が設置される、ということになると当然宇治市全体の問題になると思います。……その火薬でもあの問題が起ったとき、あの附近の市民が反対し、権威ある宇治市会においても反対されて、池本市長から京都府知事に反対であるという答申があったというのでありますが、それよりもさらに恐ろしい原子炉があの火薬製造所の中に設置されたならば、一体宇治市民の生命はどうなるかということを思いますと、私は身に粟を生ずるを覚えるのであります。……私は水素爆弾の実険に反対するよりも、宇治に原子炉ができることに反対することの方が、より市民の代表である市会議員並びに市民の負託を受けて宇治市政の執行に当ります市長の一番大きな責任ではないかと考えますので、この点市長の今まで行政当局と折衝の有無、あるとするならばどういうことになっておるか、ないとするならばどう処置せられるか、この問題に対してどういうふうに考えておるかということを明かにしていただきたい。」

この質問に対して池本甚四郎市長は以下のような答弁を行った。

「それで私と致しまして危険がなくいいものであり、宇治市のためにもなるものであるならば、むしろ歓迎すべし、それに害があるものならば反対をすべし、そこでこの利益、害の有無につきまして取りようが、先刻申しましたように非常に難しい、……だからそう騒ぐべき、今さらかれこれ取り上ぐるべきものではない。要するところそう危険なものではない、というようなふうにいわれておるのでありますが、まだ賛否につきましては実は最後の結論を得るまでには至っておりません。」

池本甚四郎は戦前、京都府議会議員・議長などを歴任し、一九三六（昭和一一）年二月の衆議院選挙で立憲民政党より京都二区から立候補して当選している。戦後はB・C級戦犯として公職追放となるも公職追放解除後、一九五四（昭和二九）年一一月、宇治市長となる。

池本は戦後、自宅で戦争孤児を預かっている。また、戦前の治安維持法改悪に反対し右翼の凶刃に倒れた山本宣治代議士の山宣祭には、市長在職時に「個人として」挨拶をするなどリベラルな面もあった。

このような一面をもった池本市長であったが、この時点では原子炉建設の賛否を明らかにしていない。その後、第三回設置準備委員会（一九五七（昭和三二）年一月九日）が「宇治を第一候補地」と決定して以降、次のように発言していた。

「危険もないようだし、戦後十年間雑草に埋もれて眠っていた巨大な火薬廠跡が再び陽の目をみ、宇治市が文化都市として脚光をあびることになるので喜ばしい。市民の間にも反対の声はないので、早速設置への具体的な話をすすめていきたい。」(『京都新聞』一月一〇日付)

「池本市長は大阪がはっきりした理由もなしに宇治設置に反対するのは了解に苦しむ。汚染が心配なら飲料水は天ヶ瀬ダムが出来るからそこを水源とすればよい。しかし私としても原子炉予算が削減され、完全な工事が出来ないようであれば反対するが、いずれにしろ二十五日の説明会が終わったうえではっきりした態度を決めたいと語った。」(『京都新聞』一月二二日)

「原子炉宇治設置問題を巡って京大、阪大の両学者間で反対論が出ている以上考えものだ。しかし原子炉その他付随工事に絶対安全というだけの予算がとれるなら賛成だ。もし予算がとれなかったら設置後でもわれわれの世論の力で廃止させる。」(『京都新聞』一月二六日付)

「研究用原子炉設置問題について静観してきた。中央でも宇治設置を断念したといわれているが、今後の京大方面の動きも考えられるので両者を確かめてから市の態度をきめたい。」(『京都新聞』五月二八日夕刊)

その後、宇治市議会は七月二日、「宇治原子炉設置反対に対する請願」を満場一致で採択するとともに「断固反対」を議決し、「関西研究用原子炉設置反対に関する意見書」(全文は巻末資料参照)を総理大臣、文部大臣、設置準備委員会委員長等に送付した。

池本宇治市長も議会の意見を尊重し反対に踏み切る。市議会の意見書とともに池本宇治市長は「この結論への私としての理由」（全文は巻末資料）を添えている。

このように市長の態度が不明確で、時には賛成の意まで表わしているなかで、市議会は反対同盟からの請願書提出を受け、三月二六日、「宇治原子炉設置反対に関する請願審査特別委員会」を全員一致で設置。特別委員会は、大阪府・市などに調査に赴いたり、様々な活動を展開していく。藤井治男市議は特別委員会副委員長としてこの調査活動に出かけている。

2　京都府

京都府の蜷川虎三知事は終始慎重な態度であった。一九五七（昭和三二）年一月一二日の記者会見での発言は次のとおりである。

「宇治市旧陸軍火薬廠跡に実験用原子炉が設置されることになったが、原子炉が安全なものであるかどうかをハッキリしてもらいたい。この点について京大は無害だといい阪大はまた京大と違った見方をしているようだ。もちろん害がなければ科学の発展上非常にいいことだが、このように学者間でも意見が一致していないのでは住民に不安を与えるだけだ。関係者は住民を納得させるようもっとハッキリした態度をとってもらいたい。」（『京都新聞』一九五七（昭和三二）年一月一三日付）

京都府議会では当時の会議録が残っているのは本会議のみで、常任委員会等の会議録は作成されていない。しかし、一月三一日開催の各派幹事会でのやりとりが「京都府議会史（昭和三〇年〜昭和三八年）」（京都府議会史編纂委員会）に掲載されていた。

「これが二月定例会本会議の開かれている三月上旬の形勢だが、これより先、議会はすでに一月三十一日の各派幹事会で、灘井五郎（共産）の「議会としても何らかの意思表示をしてはどうか」との提案に基づいて原子炉問題を協議した結果「地元の意思決定が先決だが、府会でもこれと並行して勉強しよう」ということで、学者の意見を聞くなどして研究をすすめることを申し合わせている。」

各派幹事会での「勉強」は、三月二三日に、京都大学工学部岩井重久教授ら四人の講師を招いて原子炉についての講演会を開催している。

三月四日の府議会本会議での原子炉設置問題に関する唯一の質疑応答は次のようなものであった。

「八木重太郎君（自由民主クラブ＊筆者注）次は原子力平和利用に関してお尋ねをいたしたいのでございます。最近科学の進歩は実に驚くべきものがございまして、殊に原子力平和利用の研究とオートメーションによってまさに産業界の大革命を招来せんとしておるといわれておるのであります。……本府では一向に真剣な対策について検討されたことも聞かない。従って不安におののく関係地元民に対しましても、何らの適正な措置をとられず、あたかも対岸の火災を見るかのごとき態度でありますが、一体これに対しては府の当局はどういうお考えを持っておられるのか。宇治に設置されることが是か非か、是ならば地元民の理解をするように十分説得すべきであり、非ならば徹底的に反対運動に乗り出すべきであり、かくして住民の不安をすみやかに解消すべきであると思いますが、この点に対しまして知事の御見解を伺いたいと存じます。

蜷川虎三君　原子力の平和利用の研究については、こうした大きなことについては、やはり国にやって頂くべきで、地方といたしましては住民の暮しの組織であり、まず暮しを守るということを第一義に置きますので、こういうレベルの高い研究につきましては、京都大学、阪大当りの研究にまかして、……それから宇治市の原子炉の問題でございますが、これは京大の関係の教授、特に原子炉設置準備委員会の教授連と阪大の教授とで話し合いましたが、私は結局三つのことを申し入れてあるわけです。

第一に原子炉と言いましてもどんな感じのものかわれわれにはよくわからないのです、正直なところ、実際に。そこで、わかりませんので、その点は一つ科学者におまかせする。科学者が学者として心配ないというのなら、われわれそれを信ずるよりほか手はないだろうということを言ったわけであります。

ただ私どもが非常に心配いたしますのは、日本の貧困なる現状において、科学技術者の要請する条件を満足するだけの予算をつけるかどうかということが私は心配である。従ってそういう科学技術者の要請にこたえるだけの予算の裏打ちがないのならやめてほしい。そうしましたら京大の教授連も阪大の教授も、そういう技術的な安全性を保持するに必要な予算を組まないときは、これは作らないというお約束であります。特に京大の林工学研究所長はみんなに代ってこれを言明された。従って予算がつくかつかないかということが問題である。

第三番目に、地元のお茶なぞは仮に害がなくても競争者が多いですから、静岡のお茶の方が「宇治のお茶は放射能におかされているのだ」といって悪宣伝されると商売にならない。こういうような点もよほど注意して頂かないと、宇治のお茶屋さんは安全感を持てないから、どうか十分全国的に「宇治に置いた原子炉は危険のないものである」ということを科学者の良心において啓蒙宣伝してほしい。それから下流の住民諸君もその水を飲むのですから、そういう点は下流の方に十分わかるようにやってほしいということを、この三点を要求し、われわれはこの三点を満たすために何か府としてなすべきことがあるなら遠慮なくおっしゃって頂いたら協力すると言うのですが、今の段階ではまだ私ども安全なのか安全でないのか、予算がつくのかつかないのか、学者がそこまで啓蒙宣伝するのかしないのか、そういうことがはっきりしておらないために態度を保留しているわけであります。」

一月の記者会見よりもより踏み込んだ発言をしていることがわかる。「三点を要求」しているが、はっきりしていないことが多いため「態度を保留」というのがこの時点での発言の趣旨のようだ。

3　京都市

京都市の高山義三市長は設置を歓迎するかのような態度であった。

「高山京都市長は二十二日午後の定例記者会見で、原子炉の宇治設置に賛成の意向を表明、同時に市民の不安を解消するため、積極的な広報活動に乗り出す方針を明らかにした。」

（『京都新聞』一九五七（昭和三二）年一月二三日付）

「三月六日、京都市会は湯川秀樹を市会議場に招いて原子炉の構造、作用などについて説明を受けました。説明会後の発言で「世間では原子炉と原爆の恐怖を混同している向きも相当あるようだが、今日の話で両者は異なるもので、危険は防止できるということが、われわれ素人にもよくわかった。宇治設置問題はともかくとして、学者が満足できる予算を政府から獲得できるよう協力することが市に課せられた使命だと思う。」

（『京都新聞』一九五七（昭和三二）年三月六日夕刊）

京都市議会の当時の会議録で残っているのは府議会同様に本会議のみで、常任委員会の会議録は作成されていない。市議会本会議では三月一三日の次の質疑応答のみが原子炉設置に関するものであった。

「**十番**（鷹野種男君）（日本共産党＊筆者注）「次に宇治の原子炉問題については、水道事業と密接な関係がありますので、とくに質問いたしたいと思うのであります。市長が賛成の意志表示をされたことは、まことにもって不可解であります。……さらに重要なことは、この研究はアメリカとの間に結ばれた実験炉協定と、その細目協定であるところの濃縮ウラン貸与協定によって、非公開、秘密の厳守が要求されているのであります。またできた灰及び一切の資料は、ことごとくがアメリカに持ち帰られるのであります。日本の学者には研究の自由がございません。……一番大事なことは、立地条件や予算の関係ではございません。一番大事なことは、その政治的背景と意図であります。……かくのごとく重要な問題に対し、われわれはあくまでも長崎平和会議の決議並びに学術会議の三原則、公開と民主性と自主性を守らねばなりません。原子力の秘密協定が存在する限り、しかしそれも絶対に不可能でありましょう。従って日本国民として、京都市民として、絶対に反対すべきであると私たちは考えます。」

市長（高山義三君）「市長としては、この問題は廃液が宇治川を汚染するかどうかという問題だけが私どもにまずわかることなんです。しかしそれといえども、科学者でない私どもは、なかなかわからない。そこで、さいわい京都には名誉市民であり、この道の権威者である湯川さんがおられるので、まずこういう人の意見を聞いて、危険があるなら、危険があるように私どもはしなければならぬし、安心できるにしても、予算がなければ、予算の問題に協力しなければならぬというので、それ以外のむつかしいヒモ付きであるとか、秘密協定とか、そういうことは外交問題として国会でお聞きになる方がいいのじゃないかと言った。……素人がギャアギャア言っても仕方がありませんよ。やはり科学者の意見をよく聞いて、そうして私ども慎重に考えなければならぬ。だから賛成とか反対とかいうことは、あまりあわてて言うべきじゃないというのが私の意見です。」

「昭和三三年三月京都市会会議録」によると、原子炉設置に関する請願書提出の記述は確認されなかったが、陳情書提出の記述はあった。陳情者は伏見酒造組合理事長大倉治一となっており、「原子炉設置反対に関する陳情書」の要旨は「清酒の生産地としての伏見の上流に研究用原子炉の設置されることに反対するので善処願いたい」（昭和三三年三月一日受理）というものであった。

この陳情書は市議会総務経済委員会へ回付されたことは把握できたが、審議内容等についての記録は残ってない。

4　八幡町（現八幡市）

宇治市より宇治川の下流にある京都府綴喜郡八幡町（現在の八幡市）では、活発に反対運動が展開されている。

「宇治市木幡の原子炉設置をめぐって阪大と京大の間でもめ、淀川を飲料水としている大阪市側からも多分に危険性があるという点から設置反対に動いているが、こんど宇治川沿いに田畑をもつ二町の農民から「学者の意見が一致しない限りわれわれも反対だ」と町民大会を聞いて挙町反対の動きも出てきた。
八幡町科手―山田治男区長（三四）―で宇治川沿いに田畑をもっている農民から最近の会合で「炉の設置について学者間に意見が対立しているのは完全防止ができないからだ。これでは直接宇治川から田に引水しているわれわれは危険だけでなく死活問題になる」との意見が出され、山田区長も重視し、三十日山中同町長と相談した結果、三十一日午後七時公会堂で阪大教授槌田竜太郎氏―同町土井―を招き区民大会を開くことにした。この結果がもし危険性がありとするなら数日のちに町民大会を開いて挙町反対を確認し、関係方面に反対決議文を出すことを予定している。」（『京都新聞』一九五七（昭和三二）年一月三一日付）

八幡町では、原子炉設置反対の運動が、その後原水爆禁止運動につながっていった。

「八幡町も宇治川沿いに田畑を持っている農民の間から、宇治の原子炉設置に反対する動きがあり、三二年一月三一日科手地区の住民が区公会堂で阪大教授を講師に招き、区民大会を開催した。宇治の原子炉設置反対の運動がきっかけとなって、町内に原子炉および原水爆実験反対の機運が高まり、八月二五日の原水爆禁止八幡町協議会主催の平和集会に発展していった。
三二年八月二五日午後七時半から八幡小学校講堂で開催された「平和集会」は、町内二二団体で構成された原水爆禁止八幡町協議会の結成。」（『八幡市誌』）

なお、当時、八幡三区の区長をしておられた山田治男氏の御家族に連絡をとったが、「当時の資料はなく、当時のこともわからない」とのことであった。

5　淀町（現京都市伏見区淀）

宇治と八幡町の間に位置する宇治川沿いの淀町でも反対運動が起きていた。

「一方宇治川沿いの田畑五十町歩のうち三十町歩をもつ淀町美豆地区民（百十人）もこの死活問題について個々に話合ってきたが、三日のちに緊急農家組合会―久保田又次組合長（五四）宇治川をかんがいとしている人の会―を開いて設置反対を町当局と農協に呼びかけることになった。また同地区民は飲料水として五十戸が町の簡易水道を利用しているが、残りの五十戸は打込みポンプと井戸を利用している。とくに井戸水の方は浅く、宇治川と増減が一致しているため汚染水の流れ込みを知らず使用することが考えられるので、同町婦人会でもこのほど会合で設置反対を決議、全町民に反対の署名運動をはじめている。」

（『京都新聞』一九五七（昭和三二）年一月三一日付）

6　大阪府

大阪府の状況を「大阪府議会史第五編」（大阪府議会、昭和五五年三月三一日）を基に調査した。
「原子力の平和利用」については、「三十年度～三十三年度において六回にわたって原水爆反対に関する決議を採択し、核兵器反対の世論形成に努める一方、原子力平和利用を促進するために積極的な活動を展開した。三十一年二月定例府会では、早くも原子力平和利用に対する知事の所信が質され、知事は積極的な推進を言明した。」としている。そして「原子力の平和利用」の具体化として「三十二年六月十九日、府議会・府当局・学界・財界の代表者を網羅した大阪府原子力平和利用協議会が正式に発足」と活発であった。「宇治を第一候補地」と決定した第三回設置準備委員会後の一月一八日、「全員協議会で反対要望を決議」し、二月一日には大阪府下の自治体で結成した原子炉宇治設置反対協議会が宇治設置反対決議をあげている。

研究用原子炉宇治設置反対決議

今般関西地方に設置される研究用原子炉の用地として、宇治旧陸軍火薬製造所跡地を第一候補地として決定されたのであるが、同所は、阪神地区各府県市町村が水道源とする淀川流水の上流に位置する関係上、我々六〇〇万関係住民は、上水道の水源汚染を深く憂慮し生存上多大の脅威と不安を感じている現状である。

我々は、徒らに原子炉設置そのものに反対するものでなく、むしろ、これが積極的なる研究利用を望むものであるが、研究用原子炉設置準備委員会が同所を第一候補地として決定するに際し付せられた安全保障に関する二条件たる宇治川汚染防止並びに監視機構の完備について、その完全履行を危惧せられ、且つ学界の一部にさえも反対意見の存する現段階においては我々は、研究用原子炉宇治設置に対しては、断固反対する。

右決議する。

昭和三十二年二月一日

原子炉宇治設置反対協議会

大阪府会議長　大橋治房　　大阪府知事　赤間文三
大阪市会議長　浅野藤太郎　大阪市長　中井光次
岸和田市会議長　東京為三郎　岸和田市長　福本太郎
泉大津市会議長　泉谷重一　泉大津市長　安井伊三郎
貝塚市会議長　真利藤一　貝塚市長　北野彌一郎
枚方市会議長　初田　豊　枚方市長　畠山晴文
八尾市会議長　波田野与久　八尾市長　脇田幾松
大東市会議長　北野久治郎　大東市長　川口房太郎
河内市会議長　藤本庄治　河内市長　清水正三

（「大阪市会史」第二八巻）

一方、当時の赤間大阪府知事は「上水道の水源汚染を深く憂慮し」反対するも、「積極的なる研究利用を望む」ものとし、「さらに原子力平和利用は、府だけでなく国全体の重要問題であり、将来最も大きなウエートを占めるものは原子力発電であろうと考えている。」（一九五七（昭和三二）年三月一三日、府議会での答弁）というように、研究用原子炉にとどまらず、動力原子炉による発電をも視野においていた。

7　大阪市

大阪市の原子炉設置への対応は「大阪市会史第二八巻」（一九九四年、大阪市会事務局調査課）に垣間見える。一月九日、以下の電報を打電している。

研究用原子炉設置を宇治市に決定されるやに仄聞（そくぶん）するが、大阪市は上水道水源地を淀川に求めている関係上水源汚染の虞（おそ）れがあるので、現段階においては、同所への設置については、全市民の人命擁護の立場から絶対反対する。

昭和三二年一月九日

大阪市会議長　浅野藤太郎

文部大臣　灘尾弘吉
厚生大臣　神田　博
国務大臣　宇田耕一
研究用原子炉設置準備委員長　湯川秀樹
各宛

「宇治を第一候補地」の決定後には以下の決議を行っている。

研究用原子炉宇治設置反対に関する決議

今般、関西地方に設置される研究用原子炉の用地として宇治旧陸軍火薬製造所跡地を第一候補地として決定されたのであるが、同所は、大阪市が唯一の水道源とする淀川流水の上流に位置する関係上、大阪二六〇万市民をはじめ六〇〇万関係住民は、上水道の水源汚染を深く憂慮し、生存上多大の脅威と不安を感じている現状である。

よって研究用原子炉設置準備委員会が同所を第一候補地として決定するに際し付せられた安全保障に関する二条件について、その完全履行を危惧せられる現段階においては、学界の一部にでも反対意見の存する限り、大阪市会は研究用原子炉宇治設置に対しては断乎反対する。

右決議する。

昭和三二年一月二二日

大阪市会

前述のように二月一日には大阪府下の自治体と共同して反対決議をあげ、さらに三月一日にも同じ内容の決議を大阪市長名で行っている。そして、第四回設置準備委員会が開催された四月五日には、「研究用原子炉宇治設置反対に関する陳情書」を大阪府知事、大阪府議会議長、大阪市長、大阪市議会議長と連名で「研究用原子炉設置準備委員会　各委員あて」に提出している。

8　大阪府の方針転換

大阪府と大阪市は「水道源の汚染」「学界の一部にでも反対意見の存する限り」との理由で原子炉の宇治

設置に反対した。しかしその後、大阪府は宇治への原子炉設置の放棄が決定され、設置準備委員会が大阪府下に設置予定地を検討するにいたり態度を変更する。一九五七（昭和三二）年八月、大阪府茨木市阿武山が候補地となると当時の赤間府知事は設置に積極的姿勢を示す。

「八月二十二日に赤間知事が、設置反対の陳情に訪れた茨木市の婦人団体の代表に「無害のものに真向うから反対するのには同調できない」と、阿武山設置に積極姿勢をみせ、大阪府議会内にも同様の声がかなりあった。しかし、宇治で危険なものがなぜ高槻で安全なのか、という疑問は、地元のみならず広く存在した。」（「大阪府議会史第五編」）

しかしその後、大阪府下で候補地となった三か所（茨木市阿武山、北河内郡交野町星田地区、北河内郡四条畷町）は、いずれも住民の反対運動により設置計画を断念させる。

大阪府は、宇治設置の際は「上水道の水道源の汚染の心配」を理由に反対運動を行ったが、第四回設置準備委員会での「宇治設置断念」後は大阪府下に研究用原子炉設置に積極的に動いた。そこには「原子力の平和利用」の名の下に原子力発電を視野に入れた動機があった。

一九五七（昭和三二）年六月一九日には府議会・府当局・学界・財界の代表者を含めた「大阪府原子力平和利用協議会」を結成、大阪府下への研究用原子炉の誘致活動を展開する。国がすすめる原子力の「平和利用」政策への便乗といった面だけでなく、大阪市に本社がある関西電力の影響も大きい。だが、「大阪府原子力平和利用協議会」が選定した設置場所はことごとく住民の反対運動によって頓挫する。

「宇治放棄」決定以降の設置場所をめぐる動向

「宇治放棄・大阪府高槻市阿武山を候補地」と決定した第五回設置準備委員会以降、設置場所選定は混迷・漂流を続け、これ以降設置場所選定については大阪府原子力平和利用協議会（会長・田中楢一大阪府副知事）にゆだねられた。

「宇治放棄」と大阪府高槻市阿武山を候補地と決定した第五回設置準備委員会直後に、隣接する茨木市で市当局も含めて原子炉設置反対期成同盟が結成（一九五七（昭和三二）年八月二六日）され、反対運動が展開された。

第六回設置準備委員会（一九五八（昭和三三）年二月七日）では「高槻市阿武山に関する立地問題について」「大阪府原子力平和利用協議会小委員会の土地問題あっせんについて」の報告と、「原子炉仕様書案については全国の研究機関等から求めたアンケートの研究項目を検討し作成」等があったが、設置場所選定については新たな動きはない。

大阪府原子力平和利用協議会は第三候補地としてきた河内郡交野町星田地区を発表する（一九五九（昭和三四）年二月二六日）。しかしここでも地元で反対運動が展開され、同年一二月に大阪府北河内郡四条畷町を第四候補地に選定する。

第八回設置準備委員会（一九五九（昭和三四）年一二月一五日）では、設置場所として高槻市阿武山の断念と、四条畷町室池地区を新たな候補地と決定する。しかし四条畷町でも反対の住民運動が展開される。

大阪府を先頭に原子炉設置場所選定に動くが、いずれも住民の反対運動にあい、混迷を続ける。大阪府下の自治体の首長は宇治設置のときには上水道源の上流の安全性の問題ということで反対したが、大阪府下の住民はこの安全性の問題は何ら解決していないことを感じていた。

設置反対の住民運動により設置場所選定問題が混迷・漂流するなかで、大阪府原子力平和利用協議会の構成メンバーに加えて、労働・民主団体などの革新系団体も含めた「大学研究用原子炉設置協議会」が結成される（一九六〇（昭和三五）年四月一一日）。協議会は大阪府議会五、関西研究用原子炉設置協力会二、関西研究用原子炉対策民主団体七、大阪府二、関係大学専門家三の合計一九名で構成されている。

この時期以降、設置場所選定の権限は事実上大学研究用原子炉設置協議会に移行し、同協議会は従来の候補地を白紙に戻した。

9　熊取町の積極的な誘致運動

大学研究用原子炉設置協議会は翌五月二四～二五日に、大阪府下五三市町村の長、各種団体の代表者を招き懇談会を開催する。二四日に「質疑応答のとき、阪上熊取町長は、「候補地がきまった場合、府は国家予算の不足を補ってくれるか、また大学側は、安全性の確保をするだけの予算の裏づけがあるのか」と、かなり突っこんだことまで聞いて、列席者から注目をうけた。」（門上登史夫『実録関西原子炉物語』日本輿論社）

それ以前にも、熊取町は原子炉誘致に向けた運動をしている。その理由は「熊取町史　本文編」（一九九九（平成一一）年三月三一日）に明瞭に示されている。

「熊取町は、行政主導の積極的な地域開発政策をとろうとしたとき、町村合併という最初の段階で行き詰まってしまった。その結果、昭和三十年代、熊取はどこまでも中世以来の町域を守って生きて行くしか生きようのない自治体として、発展の可能性を喪失してしまったかのようにみえた。……すべての町村合併案が潰え去ったとき、熊取町は、自前の開発を断念し、国庫や府の補助をあてにした開発に、その開発戦略を方向転換したのである。

そしてかかる開発戦略の方針展開をはかり始めたとき、奇しくも熊取町の上に降って湧いたように起こったのが、関西研究用原子炉の誘致問題であった。」

熊取町は町長を先頭とする原子炉誘致促進委員会を結成し、世帯の九二・二%、全町議（二一名）から署名を集めている。続いて、南河内郡美原町と河内長野市も「大学研究用原子炉設置協議会」に誘致を申入れ、「誘致合戦」となった。熊取町の誘致運動の要因には現在の原発立地自治体と共通する面がある。

大学研究用原子炉設置協議会は一九六〇（昭和三五）年七月一二日、五地区（堺市、河内長野市、和泉市、熊取町、美原町）を適地として発表する。しかし「適地」とされた地元では、あいついで反対運動が起こり反対同盟が結成された。隣接する泉佐野市でも反対期成同盟が結成され、最後まで反対運動を展開した。一方、同じく隣接する岸和田市、貝塚市、田尻町、泉南町ではめだった反対運動は起きていない。また河内長野市誘致については南河内郡登美丘町会が反対決議をあげている。

大学研究用原子炉設置協議会が五地区を適地として発表した後の一九六〇年一〇月一七日開催の第九回設置準備委員会の内容は、「四条畷町が確定に至らなかった経緯」「誘致のある三地区に対する（大学）研究用原子炉設置協議会の見解」等である。同年一二月九日開催の大学研究用原子炉設置協議会では全会一致で熊取町朝代地区を最適地と確認する。

第一〇回設置準備委員会（一九六一（昭和三六）年九月一一日）では、以下の五項目の決定が挙げられている。①設置者は文部大臣名とすること、②泉佐野市反対期成同盟との話し合いがついていること、③原子炉実験所の経費については大蔵省に諒解を求めること、④審査に要する期間及び承認の時期については何らの申し出もしない、⑤現地における審査及び承認の時期には反対運動がなくなっていること。

一九六一年一一月一七日、大学研究用原子炉設置協議会は泉佐野市反対期成同盟と「研究用原子炉設置に伴うおぼえがき」を締結し、翌月に京都大学原子炉実験所の起工式が挙行された。

第六章　研究用原子炉設置準備委員会

1　第一回設置準備委員会

一九五六（昭和三一）年一一月一九日、文部省大学学術局長から京都大学長あてに「関西方面に設置する研究用原子炉設置準備委員会について」が送付され、同年一一月三〇日に第一回会合が文部省で開催された。

発足時の委員は、山県昌夫（東京大学工学部長）、武田栄一（東京工業大学教授）、児玉信次郎（京都大学教授）、岡田辰三（京都大学教授）、木村毅一（京都大学教授）、林重憲（京都大学工学研究所長）、仁田勇（大阪大学理学部長）、原田秀雄（大阪大学工学部長）、石野俊夫（大阪大学教授）、小島公平（大阪大学産業科学研究所長）、湯川秀樹（原子力委員会委員）、伏見康治（日本学術会議原子力特別委員会委員長）、駒形作次（日本原子力研究所長）、佐々木義武（科学技術庁原子力局長）、緒方信一（文部省大学学術局長）の一五名。

公表された議事の内容は以下の通りである。

研究用原子炉の利用目的は「基礎研究用、中性子源とする」、原子炉の型は「スイミングプール型、一〇〇〇KW、中性子束10^{12}とする」、原子炉の設置場所については「京大、阪大から現在まで調査した箇所について簡単な説明があった」、原子炉の運営方法は「宇宙船観測と同じ性質の全国共同利用施設とする」等であった。

　第一回設置準備委員会では設置場所は「簡単な説明があった。」となっており、この時点では未定である。しかし第一回設置準備委員会の「記録」（全文は資料集）には、宇治以外の候補地について書かれている。阪大側委員が「宇治という事については予算提出のため早急に決定する必要があるため保留条件をつけて第一候補地とした」宇治以外の候補地を「信太山、高砂、多奈川」と発言。京大側は「大阪の三地区は十分な点はない。宇治にした場合水源、社会問題の点だけである」、宇治以外の候補地は「舞鶴、木幡、長池」と発言している。公表されていない宇治以外の候補地について阪大側は高砂（大阪府高石市）、多奈川（大阪府泉南郡岬町）という海岸沿いを、京大側は長池（城陽市＊宇治市の南側）という内陸部を選んでいるのは原子炉の安全性に対する認識の違いを示している。

　なお、設置準備委員会設立前の一九五六（昭和三一）年一一月一三日、「研究用原子炉設置に関する打合せ会」が開催されている。この会議には日本学術会議より四名（会長、副会長、原子核特別委員会委員長、原子力特別委員会委員長）、国立大学より一〇名（北海道大学、東北大学、東京大学、東京工業大学、東京教育大学、名古屋大学、京都大学、大阪大学、広島大学、九州大学）が参加し、「原子炉設置の具体的措置についての検討が行われた。」とあるが、具体的内容は把握できていない。

2　第二回設置準備委員会——設置候補地を絞り込み

第二回設置準備委員会は同年一二月一七日に京都大学で開催された。

議事内容は、原子炉設置場所として「宇治、舞鶴、信太山」の三候補地を報告、「廃水処理ならびに汚染対策」についての討議、土地選定は「次回に持ちこす」等であった。

設置候補地の「舞鶴」とは舞鶴市の旧海軍火薬庫跡、「信太山」は大阪府和泉市の旧陸軍信太山駐屯地跡であるが、「水処理ならびに汚染対策」では宇治と舞鶴のみが討議されている。

なお、この会合での配布書類に「宇治木幡附近の気象調査」、議事概要に「委員会終了後宇治候補地の視察を行った。」とある。こうしたことからすでにこの時期、「設置予定地」を宇治に決定する諸準備が整えられていたことがわかる。

3　第三回設置準備委員会——揺れ動く「宇治を第一候補地」

第三回設置準備委員会は一九五七（昭和三二）年一月九日に文部省で開催された。この会議では「汚染防止対策の完全履行、監視機構の完備等」の二条件を前提に「宇治を第一候補地」と決定した。なおこの会合は「第三回の準備委が、いよいよ本論に入るとき、公開から非公開に切換えられ、準備委員以外は召集者の滝川総長までしめ出されて〝秘密会議〟で行われたのではっきりしない点もある。」（『京都新聞』一九五七（昭和三二）年二月一一日付）とあるように、「秘密」にしなければならない何かを決めようとしていた。

なぜ「秘密会議」だったのか

「秘密会議」にしなければならない主要な要因は、予算との関係であった。京都大学は一九五六（昭和三一）年度予算で「原子炉用建物建設費」三〇〇〇万円を得ているが、設置場所未定のため年度末を控えても未執行のままであった。それだけにどうしても設置場所を決めなければならないとの思惑が京都大学側にはあった。そして一九五七（昭和三二）年度予算の政府原案が間もなく発表される時期でもあった。そこで「第一候補地」で決定などという中途半端な表現をしてでも、文部省への予算要求の根拠にする必要があった。その結果、初年度として一九五七（昭和三二）年度予算で文部省が五億六千余万円（内訳、原子炉購入費二億九千余万円、建設費二億六千余万円）を要求したが、「原子力年報（昭和三一年度）原子力委員会」によれば、二億六五〇〇万円（内訳＝原子炉購入費一億円、建物設備一億円、防護施設六五〇〇万円）となった。なお、原子炉購入費の「国庫債務負担行為額」（五年以内に政府が負担する金額。いわば分割払い）は二億四千万円であった。

この決定にあたっては附帯決議的なものがあったことが判明した。

「阪大側委員の要請で条件として「住民の了解をうる」という一点が確認されてもいる」（『アカハタ』一九五七（昭和三二）年二月一五日付）とある。これは二月八日の大阪市大手前会館で総評大阪地評主催第二回原子炉問題懇談会でのこと。この懇談会には「設置準備委員会の伏見（阪大理学部教授、学術会議委員）原田（阪大工学部長）仁田（同理学部長）石野（同工学部教授）小島（同産業科学研究所長）児玉（京大工学部長）岡田（同工学部教授）木村（同理学部教授）林（同工学研究所長）の各委員が出席」とある。この記事内容はその後、以下のように国会の場で正確であることが明らかにされた。

「書面の上には書かれておりませんが、書面を書きましたときに、附帯決議的に委員会できめましたことは、地元の納得がいくように大いに説明して歩くということが条件になっております。」（一九五七（昭和三二）年二月二二日、衆議院科学技術振興対策特別委員会で伏見康治大阪大学教授）

原子力委員会への報告

第三回設置準備委員会の決定は翌一〇日開催の原子力委員会において湯川秀樹が報告している。なお、この会議では湯川原子力委員をインドの原子炉開所式に委員長代理として派遣することも決定されている。

原子力委員会は「正式には文部省から原子力委員会あて報告のあるのを待つ」としている。それは、関西研究用原子炉設置に関して科学技術庁原子力局長から文部省大学学術局長あての「研究用原子炉の設置について」（一九五六（昭和三一）年一〇月二四日＊六〇ページ図8参照）という案件があることから、原子力委員会への正式報告が必要になる。この承認があって初めて「宇治を第一候補地」とした第三回設置準備委員会決定は有効となる。

しかし、文部省が原子力委員会へ次に報告書を提出したのは四月一一日であった。つまり、文部省は第三回設置準備委員会が開催された一月九日以降、約三か月間原子力委員会には何ら報告をしていなかったことになる。当初は二月一〇日前後に第四回設置準備委員会を開催する予定であったにもかかわらずである。その要因には設置予定地である宇治市や宇治川下流の大阪府・市などにおける反対運動の高まりが関係していたのではないか。

湯川・伏見会談

湯川は一月一五日～二七日までインドの原子炉開所式に原子力委員長代理として渡航。一月二九日、伏見康治は湯川に会い、「湯川博士がインドに行っている間の宇治原子炉問題の経過などについて話合った。」（『京都新聞』一九五七（昭和三二）年二月一二日付）。その後、「ところがこの（原子力）委員会の席上に、三回ほど前の委員会かと記憶しておりますが、準備委員長である湯川博士もお見えになりまして、もう一ぺん準備委員会としては検討をいたしてみたいので、その後に正式に原子力委員会としては取り上げて検討していただけないか。」（一九五七（昭和三二）年二月二八日衆議院科学技術振興対策特別委員会、佐々木義武科学技術庁原子力局長）と述べている。

「三回ほど前の委員会」とはいつだったのか。「原子力委員会日誌」によると局長の発言のあった二月二八日以前の開催日は一月三一日、二月七日、二月九日、二月二一日、二月二八日が該当する。「三回ほど前」というと、一月三一日か二月七日になる。つまり湯川と伏見が話し合った一月二九日から数日後ということになる。

湯川と伏見の間で何が話し合われたのだろうか。

「その日伏見委員は別のところで「宇治設置が社会問題化した以上、一応敷地問題は白紙に返し、一年ぐらいの調査期間を設けて計画をねり直すべきだ」と述べている。」（『京都新聞』一九五七（昭和三二）年二月一二日付）とある。先の佐々木局長の発言とも重ね合わせると二人の話し合いのテーマが見えてはいまいか。

二月四日には阪大側委員が湯川と会い、湯川渡印中の経過などについて話し合っている。会談後に湯川は「……私も他の委員も共通的に考えていることは土地を決めるということが準備委員による一方的な取決めで決まる問題ではないと思う。あくまで社会的な影響ということも考えねばならぬし多くの人がどうしても不安というならそう固執すべきではない。これは私がずっと主張していることだ。阪大側にもう一度白紙にもどして練直せという意見が強くなっているということは率直に認める。」（『京都新聞』一九五七（昭和三二）年二月五日付）と語っている。

なお、一月三一日〜二月二八日の原子力委員会日誌には湯川の発言はなぜか掲載されていない。

国会での大臣等の発言

「宇治を第一候補地」と決定した第三回設置準備委員会以降、大臣等の国会での発言は次のとおりである。

「万全であるということでなければ、これは容易に実施すべきものでない。」（二月一三日衆議院文部委員会、灘尾弘吉文部大臣）

「この宇治に作るという計画は、これは申すまでもなく予定地でございます。」（二月一六日衆議院本会議、灘尾弘吉文部大臣）

「私といたしましては、安全ではあるが、しかし現地でいろいろおっしゃっておることも、私としては納得のできる御意見だと思います。そこで、そうなってきますと、やはり他に適当な場所があったら、私はそちらの方を選ぶべきものだという考え方を現在でも持っておるわけでございます。」（二月二一日衆議院科学技術振興対策特別委員会、楠木正康厚生省公衆衛生局環境衛生部長）

「原子力委員会は、宇治にこれを設置するということにまだ決定をいたしておりません。……スイミング・プール型というのは日本で初めて置くわけですから、われわれもそれをどこに置くがいいかということについては……文部大臣のところでもう少し研究させてほしい、こういうことになったわけでありま

す。」（二月二八日衆議院科学技術振興対策特別委員会、宇田耕一国務大臣・原子力委員長）

各大臣等からは、「容易に実施すべきものでない」「予定地」「もう少し研究させてほしい」等とあり、設置準備委員会決定どおりには進められなくなっていることがわかる。

一九五七（昭和三二）年二月二八日の衆議院科学技術振興対策特別委員会では以下の発言があった。

「中間的の報告は原子力委員会として受けてございますけれども、関係者が全部集りまして、正式に政府から一件書類の説明を聞くという段階までまだ立ち至っておりませんので、実は原子力委員会といたしましては、最終的な検討には入っておらぬ状況であります。」（佐々木義武科学技術庁原子力局長）

「準備委員会には、最後の決定権はございません。最後の決定権は原子力委員会にあります。」（宇田耕一国務大臣・原子力委員長）

4　第四回設置準備委員会

第四回設置準備委員会は本来二月に開催予定であったが四月五日に延期されている。延期理由は次の記事に示されている。

「研究用原子炉の宇治設置について、阪大では二日合同専門委員会を開いた結果「汚染防止など安全保障の対策はまだまだ研究の段階で、技術的にもこれで大丈夫という線がひけない。あらためて原子炉の敷地を考え直すべきだ」という基本的な態度を明らかにした。十日ごろ開かれる第四回同設置準備委員会が問題のヤマとみられる。」（『朝日新聞』一九五七（昭和三二）年二月三日付）

日に日に高まる反対運動を横目に第四回設置準備委員会で決定した概要は次のようなものであった。

前段では、研究用原子炉を宇治に設置する場合の防護対策及び監視機構について具体的な検討を行った結果、「綿密な対策を講ずることによって、技術的、科学的に放射能汚染を充分に防止し得ることを確認した。」、実施計画については「関係大学等に照会して広く意見を取り入れて具体化をはかる」としている。しかし、後段では、文部省の意見として「特に、設置場所については、宇治川が阪神地方の水源地の上流に当るため、社会的反対があり、また、防護対策等に要する予算の問題もあるので慎重な考究を加え、かつ、原子力委員会の意見を聞いたうえ善処したいと考える。」と歯切れが悪い。

設置準備委員として出席していた緒方文部省大学学術局長は会合後、「地元の強い反対を押切ってまで、宇治案を強行する考えはない。」（『朝日新聞』一九五七（昭和三二）年四月六日付）と決定事項より踏み込んだ発言をしている。

5　第五回設置準備委員会――「宇治放棄」を決定

第五回設置準備委員会は一九五七（昭和三二）年八月二〇日に京都大学で開催された。以下、概要を示す。

研究用原子炉の宇治設置について、「学問的には宇治設置には何ら支障がないが政治的には社会的反対等を無視することはできない」と分析し、結論として「宇治放棄を提案承認された。」とある。滝川幸辰京大総長からは「宇治以外の土地を考慮することになった経過について報告　更に阿武山地区が候補地の一つとして浮んで来たことについて説明」がなされた。「宇治放棄」以降、「高槻阿武山地区を候補地とする」として経過報告がなされ、協議の結果、「京都大阪両大学側の設置準備委員に阿武山について調査を一任しもし他に変更される場合は又委員会で審議する」ことを決定。

この会合で「宇治放棄」は正式なものとなったのである。

設置準備委員会は、研究用原子炉が熊取町に決定したのち、一九六二（昭和三七）年三月二八日に解散した。

第七章　原子炉設置と研究者

1　湯川秀樹

湯川秀樹は京都帝国大学（現京都大学）で基礎物理学を専攻し、京都大学教授として原子核の研究を続け、戦後の一九四九（昭和二四）年にノーベル物理学賞を受賞した。

原子力委員就任

湯川は一九五六（昭和三一）年一月に発足した原子力委員会に非常勤委員として就任する。この就任には茅誠司日本学術会議会長（当時）や中曽根康弘衆議院議員（当時）が関係しているとされた。

まず茅誠司との関係については、原子力委員就任直後の一月一〇日付で、湯川も属していた日本学術会議原子核特別委員会委員各位あての文書（全文は巻末資料）「湯川の原子力委員就任にあたっての考え」の中で、「原子力委員の中で学界を代表するもの二名の中の一人として茅学術会議会長を通じて就任の交渉がありました」「基研所長としての職責が果たせる限りにおいて非常勤の原子力委員をお引受けするが、できるだけ早い機会に基研所長の職務だけに専心できるようにしてほしい」と記している。

中曽根との関係について湯川本人は何も記録は残してはいない。が、中曽根の国会での発言と新聞記事がある。

「しかし辞任の理由としては、このほか昨年原子力委員就任の際①研究の時間を奪わない②雑用についての相談をあれこれともち込まない③一年たったら辞めることも認めるという了解が正力国務相の代理で交渉に当った中曽根康弘氏（自民）との間にできているのに」

（『朝日新聞』一九五七（昭和三二）年三月一九日付）

この新聞記事が正確であることは、中曽根の国会での次の発言でわかる。

「私が申し上げたいことは、湯川先生においで願ったときには、みんな苦労して、なかなか出られないというのを実はおいで願った。あのときからもうすでに胃の病気はあった。自分は学者であるから、研究室にこもって研究の成果を出すことが自分の任務である、変な行政事務に出るのは私の務めではないというのをしいておいでを願ったのは、それだけの仕事をしてもらうつもりだった。研究室におられるよりも、もっと国のためになることをやってもらいたくておいでを願った。……私は、そういうことを期待して湯川さんにおいで願ったわけだから、今度おやめになるということについては、非常な責任を感ずる。」（一九五七（昭和三二）年三月二〇日、衆議院科学技術振興対策特別委員会）

この発言には、一九五四（昭和二九）年度予算で日本における最初の原子力予算を獲得した中曽根の、湯川の原子力委員就任に向けた並々ならぬ執念がうかがえる。この、湯川の原子力委員就任には根強い反対論もあった。湯川の親友で湯浅電池社長の湯浅祐一は次のように述べている。

「湯浅氏の説明によると湯川委員が就任するさい、①湯川氏の研究時間をとらぬこと②日常業務の雑用的なものについては意見を求めないこと③任期は大体一年とし、その時には自由に辞任できることの三条件がついていた。しかし実際には三条件とも満たされないばかりか最近健康状態が悪く当分面会を謝絶して静養を要すると医者に忠告されているので、このさいハッキリ辞任したいというもの。」

（『京都新聞』一九五七（昭和三二）年三月一九日付）

「私は湯川君が原子力委員になったときから反対だった。湯川君は研究室の人でそれ以外のことにわずらわされてはいけないと思う。もちろん原子炉設置準備委員長も辞めるべきだ。」

（『毎日新聞』一九五七（昭和三二）年三月一八日付）

また当時、京都大学理学部内では「若手研究者を中心にミイラ取りがミイラになるとして原子力委員就任に反対する声が多かった」（加藤利三京都大学名誉教授、当時理学部物理学教室院生）という。

京都大学の井上健（当時京都大学助教授）は「朝永振一郎著作集月報（7）第六巻」の「とりとめもなく」（一九八二（昭和五七）年一一月一〇日）の中で、湯川秀樹の原子力委員就任直後に朝永振一郎東京教育大学学長（当時）が語ったこと等を記載している。

「湯川先生が初代の原子力委員を受諾され、私もお手伝いすることになって正月三日に上京した。昭和三十一年のことである。翌四日の午前、午後の原子力委員会の初会合に先立って、宿舎の福田家で湯川先生を囲んで朝永先生を含む在京の素粒子論グループの有志メンバーの会合があった。席上湯川先生から科学者の社会的責任として委員を受諾した旨の説明があり種々意見が交換された。大体の空気は、鳩山内閣末期当時の右寄りの路線に対抗して湯川先生を激励するものであったが、「僕はそれが科学者の社会的責任とは思わないね」との朝永先生の一言に湯川先生が戸惑われる場面もあった。朝永先生の一言は、言葉としては甚だ断定的ではあったが、調子は強いものではなかった。むしろ私には、両先生共々に外部的状況の切迫感と自身の内面的な緊張感とを秤量（しょうりょう）しながら、両者に通じる突破口を懸命に模索しておられるように思われた。」

湯川の原子力委員就任直後、『読売新聞』は「原子力委員会発足に当って　本社座談会」（一九五六（昭和三一）年一月五日、六日付）を組んでいる。出席者は原子力委員五名（正力松太郎、石川一郎、湯川秀樹、藤岡由夫、有沢広巳）と総理府原子力局長佐々木義武であった。この中で湯川は日本の原子力政策に深い懸念を表明していた。

「特にわたしがそれを強調する理由は、日本では従来いろいろやっても予算が結局削られる。削られると結局いい加減のところで必要なものだけを作って安全装置の方は金がないのでやめるというような傾向が非常に強かった。なにをやるにも万全の措置を講ずるつもりでも予算を削られるからそういうことをする。とくに注意していただきたいという意味もありますし、もちろん問題が問題ですからね。

日本の原子力委員会は非常に目標がはっきりしておりまして、それは平和的な目的にもちろん限られており、やり方も原子力基本法に書いてあるとおりではっきりしていますが、日本以外の国は、日本に近い国もあるし、非常に日本と違う国もある。そういうなかにあって日本がこれから基本法の線にそって行くことはなかなか骨が折れることだろうと思うんです。」

『読売新聞』はこの年の年頭に原子力関係の座談会を連続して掲載している。「原子力平和利用の夢　本社座談会」（一月一日付）には国務相・原子力委員長正力松太郎、原子力合同委員長自民党衆議院議員中曽根康弘等が参加。「原子力　日本の進路（本社主催座談会）」（一月三日付）には中曽根、原子力研究所副理事長駒形作次、関西電力常務一本松珠璣などが参加。

「基本法の線にそって行くことはなかなか骨が折れること」と湯川が言っていたことはすぐに現実の問題となる。前述のように、最初の原子力委員会（一月四日）が開催された夜に正力原子力委員長は「五年後までに原子力発電炉を建設」と発言。この発言に対して湯川は「四日の会合では〝動力協定〟の話など出なかった。四人の委員の意見が一致したとはとんでもない。正力さん個人の意見がそうであっても委員の意見が一致したなどといわれては大変迷惑だ。……日本にとってはまだまだ〝動力協定〟などの段階ではない。それなら原子力委員会など必要がないではないか。」（『毎日新聞』一九五六（昭和三一）年一月六日付）と憤慨を隠さない。

設置準備委員長就任

一九五六（昭和三一）年一一月一九日の第一回設置準備委員会で湯川は委員長に就任した。この就任は、一五名の準備委員の中で、原子力委員は湯川一人だけであったためだと思われる。

「宇治を第一候補地」と決定した翌日の湯川の発言を各紙が報じている。

「大阪地方の水源地である宇治川が汚染しては困るという地元の人々の心配はもっともだと思うので、われわれはこの点を十分に考え汚染の完全防止と監視機構の整備を絶対条件としてこのような結論を出した。こんご委員会としても多方面の了解を得るよう十分に努力したいと思う。この二条件が満たされない場合は一応舞鶴の方もご破算にして再検討することになろう。運転開始までには二年を要するので実際の活動は三十四年になる見込みだ。」（『京都新聞』一九五七（昭和三二）年一月一〇日付）

「宇治川は大阪の水源なので市当局をはじめ関係者が非常に心配しているが、われわれは十分その点を考慮してこの結論を出した。汚染防止には自信があるが、もし実行できなかった場合にはもちろんとりやめる。」（『読売新聞』一九五七（昭和三二）年一月一〇日付）

二紙に共通しているのは、この時すでに湯川は二条件（汚染の完全防止、監視機構の整備）が実行されなければ宇治設置を再検討すると発言している。しかし湯川は、その後の新聞記事によれば、安全対策は「実行可能」であるが、このことが信用されないならば「準備委員会の委員長も辞めて紙と鉛筆の学究生活に戻りたい」と発言している。

「宇治は宇治川に近く、この川が阪神地方の上水道の上流に位しているので一番心配した。しかしこの点についても、調査と相まって汚染防止の対策がくわしく研究され、炉が平常運転している場合はもとより大水や地震などの突発事故が発生した場合でも決して宇治川を汚染しない対策が立てられ、経費の上からも実行可能なことがわかった。そこではじめて宇治を第一の候補地に決定したのである。委員会が十分実行しうる汚染防止対策の結論を出したにもかかわらず、厚生省が宇治川の汚染を問題にするのはおかしなことだ。学者の考えることがこのように信用されないなら、原子力の平和利用などとうていできないことだ。私は準備委員会の委員長も辞めて紙と鉛筆の学究生活に戻りたい。」

（『毎日新聞』一九五七（昭和三二）年一月一三日付）

科学者としての意見と反対運動の狭間での苦悩、他方で諸外国ですすむ原子核研究を気に留めつつ研究に集中したいといった焦りにも似た思いもあったのではないか。さらには、原子力委員、設置準備委員会委員長となり、研究以外のことに神経と時間を費やす事態へのいらだちもあったであろう。

この時期、原子核や原子力の研究については、学術会議内でも様々な議論があった。基礎研究としての原子核研究を発展・充実させるべきという意見と、「電力需給ひっ迫」の名の下に応用研究としての原子力研究を通じて原子力発電計画を推進すべきといった意見があった。

湯川は前者の立場から正力原子力委員長などが原子力発電早期導入を主張したさいも反対している。しかし、研究用原子炉設置については設置準備委員長として推進の立場に立った。なぜ推進の立場をとったのか。この点に関する湯川の記録は見当たらなかった。また、準備委員の間で「絶対安全」という言葉が飛び交ったが、湯川は「絶対」という言葉について次のように語っていた。

「ところが科学者は人間社会全体の中では、きわめて限られた少数者にすぎない。そしてそこで絶対という言葉が実によく使われているのである。私ども科学者もそこでは絶対という言葉を使うように強制され困惑する場合がある。……

その最も著しい例のひとつは安全性という問題である。文明の利器といわれるものは、たいてい、多かれ少なかれ危険性を持っている。……そこへ新しく登場してきたのが原子力である。科学者にとって絶対という言葉はめったに使えないといったが、今日では原子兵器の製造・使用・実験は絶対悪であるという他なくなっている。これに反して原子力の平和利用に伴う色々な問題は、いずれも利害得失の比較の上に立つ、相対的なものであるように思われる。今日の段階では、原子力の平和利用には、放射能の有効性とか安全性とか危険性とかいう問題を不可避的に伴う。……大体以上のような意味で、私どもは関西の研究用原子炉が宇治におかれた場合、安全性を確保できると判定したのである。私自身はこれでも絶対というのをちゅうちょする。私が希望したいのは、しかし今までからある色々な施設で、絶対に安全だと思われているものと比較して、冷静に、そして公平な判断を下していただくことである。……予算が不十分であったり、地元や下流地域の人たちに納得していただけないのに、無理に実現しようという気持は少しもないのである。それにまた宇治に代る候補地が絶対にないなどとは思っていないのである。」

（『朝日新聞』一九五七（昭和三二）年三月九日付）

原子力は今日、原子力発電所の建設や再稼働の問題を中心に国民的課題となっているが、こうした事態を予見するかのように湯川は一抹の不安も吐露している。

「私は科学者であるがゆえに、原子力対人類という問題を、より真剣に考えるべき責任を感ずる。私は日本人であるがゆえに、この問題をより身近かに感ぜざるをえない。」

「原子力問題の持つ切実さ深刻さの根源は、原子力研究が応用研究であるところにある。……本来の目的以外に、人間生活に思いがけない大きな影響を及ぼすことにもなるのである。」

（「原子力問題と科学の本質」『湯川秀樹著作集5　平和への希求』一九五四（昭和二九）年）

原子力委員、設置準備委員長辞任

湯川の原子力委員辞任は一九五七（昭和三二）年三月二九日に承認された。同時に原子力委員として設置準備委員会委員長の任にあったため、こちらも同年四月五日開催の第四回設置準備委員会において辞任が承認される。

湯川にはそれまでも度々辞任の話はあった。まず原子力委員会第一回会合（一九五六（昭和三一）年一月四日）後の正力原子力委員長の「五年後には原子力発電実現」発言に対する不信。続いて、同年四月一三日、原子力委員会専門委員でもある井上健京大助教授（当時）を介して手紙で正力委員長へ辞意を伝える。井上助教授の話によると湯川のしたためた辞意の理由は「委員会の仕事と大学での研究がとても両立しない。このため健康も損ねがちである」ということのほかに、来る六月下旬のジュネーヴでのヨーロッパ国際原子核研究所国際会議出席など、約四か月間日本を留守にしなければならないといったこともあった。もっとも湯川は委員を受諾したさい、「自分が断ると学界が協力しないように見えると困るので引受けた。しかし委員会が走り出したら一日も早く辞めたい」という条件をつけていたほどであり、委員になってからも心身ともに疲れ気味だったと言われている。このことを裏付けるように湯川スミ夫人は取材に「手紙の形をとっているけれども事実上の辞表です。いままで何度も委員会に辞意を申出たが認められないままです。」（『朝日新聞』一九五六（昭和三一）年四月二五日付）と語っている。その後、関西研究用原子炉敷地問題が起きるにあたって湯川は辞意の意思を固めたのだろう。
湯川の表向きの辞任理由は病いということであった。

イギリスの哲学者バートランド・ラッセルはビキニ環礁での水爆実験が行われた後、核兵器と戦争の廃絶を訴え、世界の科学者の会議を呼びかける。

平和運動への大きな貢献
ラッセル・アインシュタイン宣言

「彼はアインシュタインに相談したところ、宣言文案を書くよう勧められた。……宣言文を起草し、一九五五年四月五日に湯川を含む世界中の著名な科学者一六名に署名を呼びかけた。湯川は、四月一九日に「……よろこんで署名します。……アインシュタイン教授の死去という……知らせに接しました。彼と貴方が共有し、私たちも同意する理想を実現するために、一層大きな努力をすることが私たちの義務であると考えます」と返事を書いた。……この宣言は、一九五五年七月九日にロンドンで、ラッセルによって発表され、大きな反響を呼んだ。」（小沼通二「湯川・朝永の平和運動」日本物理学会誌、二〇〇六年一一月）

一九五五（昭和三〇）年七月九日、ロンドンにて世界の科学者一一名の連名で核兵器廃絶・科学技術の平和利用を訴える宣言が出された。宣言に署名したのは次の顔ぶれである。
マックス・ボルン（ドイツ、理論物理学者）
バーシー・ブリッジマン（アメリカ、物理学者）

レオポルト・インフェルト（ポーランド、物理学者）
ジャン・フレデリック・ジュリオ＝キュリー（フランス、原子物理学者）
ハーマン・J・マラー（アメリカ、遺伝学者）
ライナス・カール・ポーリング（アメリカ、量子化学者）
セシル・パウエル（イギリス、物理学者）
ジョセフ・ロートブラット（ポーランド・イギリス、物理学者）
湯川秀樹（日本、理論物理学者）
バートランド・ラッセル
アルベルト・アインシュタイン（ドイツ、理論物理学者）

世界平和アピール七人委員会

一九五五（昭和三〇）年、平凡社創業者で社長の下中弥三郎が世界連邦思想に共鳴し、湯川や茅誠司などを含めた七人委員会を発足させる。下中の思いは「戦争を放棄した日本国憲法を評価し、世界が核戦争で破滅することを避けるため」（前出の小沼通二「湯川・朝永の平和運動」）であった。発足後は「不偏不党の立場に立って、①国家主権の絶対性を否定して国連の改革・強化を主張し、国際間の紛争の、武力によらない話し合いによる解決を求め、②日本国憲法の平和主義を尊重して、③核兵器廃絶を求め、二〇〇六年一〇月までに、八九点のアピールを出してきた。」（前出）。なお、歴代の七人委員会メンバーにはノーベル賞を受賞した朝永振一郎や小柴昌俊などがいた。

バグウォッシュ会議

正式名称は科学と世界の諸問題に関するバグウォッシュ会議。一九五七（昭和三二）年、ラッセル・アインシュタイン宣言の署名者の同意を得て、カナダのバグウォッシュで世界一〇か国の科学者二二人が第一回の会議を開催した。日本からは湯川、朝永振一郎、小川岩雄が参加。会議ではすべての核兵器は絶対悪であるとされた。

「湯川のバグウォッシュ会議への出席は一九六二年までの四回にとどまったが、その後もしばしば、原点を見失わないよう呼び掛けるメッセージを送り続けた。」(https://www2,yukawa,Kyoto-u,ac,jp）が、同会議は湯川の願いに反してのちに核抑止論の立場へと変質していく。

科学者京都会議

一九六二（昭和三七）年、バグウォッシュ日本グループは同年に大規模なバグウォッシュ会議がロンドンで開催されるのに先立ち、京都で会議を開催することを呼びかけた。

一九五七（昭和三二）年三月、イギリスがクリスマス島での水爆実験を強行しようとしたときに、湯川秀樹は素粒子論グループを中心にイギリス政府へ中止要請の手紙を送付している。

一九五七（昭和三二）年五月、西ドイツ原子物理学者団のいわゆる「ゲッチンゲン宣言」（原水爆の製造、実験、研究には一切協力しないという内容）に対応して、湯川秀樹、朝永振一郎らのおもだった物理学者が同様趣旨の宣言を行っている。この宣言には科学者以外にも福島要一（農学）、谷川徹三（哲学）、桑原武夫（フランス文学）、大佛次郎（作家）、宮沢俊義（憲法）など多彩な顔ぶれがみえる（小沼通二『湯川・朝永の平和運動』）。

2　槌田龍太郎

槌田龍太郎阪大教授と当時京都府茶業協会会長の小山英二は京都市立第一商業学校（現京都市立西京高校）に一九二一（大正一〇）年四月入学の同級生であった。

「一月中旬ごろ同窓の槌田阪大教授が訪れ宇治設置の危険性について説明、私も反対意見を強めた」（『京都新聞』一九五七（昭和三二）年二月一七日付）と小山英二は述べている。その後、小山英二は、同じ茶業者であり反対同盟幹事の川上美貞に槌田龍太郎を紹介している。槌田は一月二三日、川上を訪れる。

「茶問屋松北園支配人川上美貞氏宅を訪ずれ、藤井市議をはじめ同地区の茶業者、茶製産家ら十四、五名の前で「阪神八百万住民の生命をおびやかす実験用原子炉宇治設置に私は公衆衛生の面から職をとして反対する」と昼食もとらずに午後三時まで実に六時間に亘って力説した。」

（『洛南タイムス』一九五七（昭和三二）年一月二四日付）。

この時の槌田の話の様子を前出の平岡久夫は「大阪大学の槌田教授が知識を持って来られた。初めて聞くこともあったが、何も知らない者にとってはスーと入ってきた。」と語っている。

槌田の専門は無機化学であった。第二次世界大戦中は富山県に疎開していたが、その折、雑草などを除去するために田圃に多くの硫安を入れていたことを見聞しのちに「硫安亡国論」（『方策への指針――肥料対策』増進堂、一九四八年三月）を唱えた。

「さて会議（原子炉問題についての京大・阪大の合同会議）は（一九五六年）一〇月一〇日（阪大）医学部講堂で開かれた。……同会議で梶原三郎氏が熱弁をふるい、槌田氏の火を吐くような反対演説があったが、何の結論も出なかった。しかし、その後の裏の折衝で、共同設置ということになり、両大学にそれぞれ原子炉調査、ホットラボ、立地の三小委員会の設置が決まった。……そして打合せが一一月二日に本部で行われた。その結果、……立地小委員会には、仁田、村橋、槌田三氏に音在助教授、……二月に入って開かれた京大との第三回共同立地小委員会には仁田、村橋、槌田三氏と共に筆者も出席し、三たび激しく討論した。さらにその後、合同三委員会も含め月末まで計数回、京大との会議が持たれた。」（「廣田文書」＊括弧内筆者補足）

右にみるように槌田と研究用原子炉設置問題とのかかわりは「宇治を第一候補地」に決定する以前からあった。やがて、「宇治を第一候補地」とした第三回設置準備委員会以降、反対同盟の運動に積極的に協力していく。まさに〝渦中の人〟とも言える槌田であったが、原子炉宇治設置問題に関する記述は調べた限り「宇治の原子炉」（『化学』四月号、一九五七（昭和三二）年）のみである。

「そもそも原子炉の立地条件は、英米では、放射能汚染への顧慮から、水源地や都市を避け、なるべく海岸の、しかも経済的利用度の低い土地に置くことが常識となっているのに、ことさらこれらの条件とは全く反対の宇治が選ばれたのはどうしたことであろう。……宇治は研究者のために交通が便利であるという理由だけで、この原子炉のために直接何の利益も受けない。しかもこの水を飲まねばならない八百万人の意見を無視して宇治に原子炉を置こうとするのは明らかに民主主義に反する。また湯川博士ら専門学者の権威を信頼して、許容量以内だから放射能汚染水を飲めと八百万人におしつけるのは、準備委員である学者と官僚との思い上がりで、戦時中の軍閥にも劣らぬファッシズムである。これは一般に科学者は正直で慎重であろうという信頼を悪用するもので、科学への反逆でもある。また宇治では、この放射能禍を完全に防ごうとすれば、汚染防除に数十億円の費用が要るのである。全国の助教授、講師、高校教員などの研究助成費一億円すら、全額削除されるほど乏しい文教予算の中から、原子力研究費ならまだしも、宇治に原子炉を置くための土木工事費に数億円を費やすことは国民が許さないであろう。……多額の国費をかけて原子炉が置かれる以上は、これを中心とする研究活動はできるだけ活発でなくてはならない。ところが活発であればあるほど放射性汚水が多量に排出されることはいうまでもない。しかしこの汚水処理に費用がかかるからといって、研究規模を縮少したり、使用水量を制限すれば、研究活動を制約することになる。また宇治が水源地であるという理由で、危険の予想されるような研究を手びかえなくてはならぬというようなことであれば研究用原子炉設置の目的に反するのである。……いろいろな意味で宇治は原子炉設置に不適当である。宇治でなければならないという積極的な理由もないのであるから、どこか水源地でない他の土地に、一日も早く原子炉が設置されて活発な研究が制約を受けないで行われることこそ、われわれ科学者の希望なのである。」

槌田は宇治原子炉設置計画に対して「職をとして反対する」(『洛南タイムス』一月二四日付)と語っている。「廣田文書」には次のようにある。

「当時、工学部教授だった香坂要三郎氏がつぎのように記しているからである（『槌田龍太郎博士の追憶』一九六二年）。香坂氏がその頃、槌田氏を訪ねたが、学部長室にいるという。同室に入ると、槌田氏は仁田学部長から○○○の氏に対する空気を伝えられ、大変に憤慨し、〝とにかく私は阪大を辞めますよ〟となっていた。仁田氏は〝○○○の空気をご参考までに伝えただけですよ〟となだめていたとのこと。結局、香坂氏も槌田氏をとりなし、一応はその場は収まったとのこと。この文は原子炉が熊取にどうやら決りだしたころの事柄なので、氏がわざわざ○○○と書いたのが何かは自明であろう。」

槌田は宇治設置問題についてもっと詳細に書ける立場にあったが、確認できるのは先の文書のみである。何度も宇治に足を運び、種々の会合などで熱弁をふるった槌田は、後年、原子炉の宇治設置に関しては黙して語ることはなかった。

3　辞職した京都大学の研究者等

設置準備委員会委員であった他の研究者たちはどうなったのであろうか。

「京大工学部では十三日午後一時から教授会を開き工学部燃料化学教室児玉信次郎教授（関西原子炉設置準備委員）の辞職問題について協議した結果「教授の任免は即決しない」との学部規定に基き次回の教授会（来月）で決定することになった。」（『京都新聞』一九五七（昭和三二）年六月一三日夕刊）

設置準備委員会委員の児玉信次郎教授は、「京都大学百年史　資料編三」には「一九五七年七月三一日」退官とある。児玉は退官後の翌年四月に大手化学工業会社に入社している。

また、内藤敏夫事務局長も辞任している。

「難航を続ける関西研究用原子炉問題の事務上の最高責任者である京大事務局長内藤敏夫氏は宇治案の正式解消、予算問題などで責任を痛感、去月二十日の第五回原子炉設置準備委員会終了後、滝川総長に対し、正式辞意を表明してその処置を総長に一任。」（『京都新聞』一九五七（昭和三二）年九月二一日付）

内藤は同年一二月三一日付で退官した。事務方トップの辞意表明を受けて、設置準備委員総辞職の動きもあったという。研究用原子炉の宇治への設置の放棄が与えた衝撃の大きさを示してはいまいか。

第八章　宇治原子炉異聞

宇治原子炉設置反対運動と大阪側の思惑
――井上俊夫の小説『ベッド・タウン』を読んで

秦　重雄

「そうですか、大阪府は街道村に対してそんな回答をよこしましたか。しかし、その回答はどうも眉つばものですなあ。第一候補地の宇治案にしても、それをつぶした張本人は大阪府や大阪大学なんですからねえ。彼等は淀川が汚染されるからといった大義名分をかかげて反対の世論をあおりたてたが、ほんとの腹は、原子炉を京都府や京都大学にとられたくないという所にあったんですよ。大阪の財界もまた大阪府や大阪大学の尻をたたいて、しきりに原子炉を大阪にもってこいといってたわけです。……（中略）……大阪府も大阪府です。候補地が京都府内にある時は眼の色を変えて反対しておきながら、大阪府へとれるときまったとたんに、大阪府原子力平和利用協議会なんてあやしげな団体をでっちあげ、財界や学界と手をつないで今度は原子炉の設置運動に乗りだすんですからねえ」

これは、大阪府寝屋川市に住んでいた詩人・地域史家の井上俊夫の小説『ベッド・タウン』（『新日本文学』一九六〇年九月〜一九六二年三月まで一九回連載）の一節である。茨木市会議員の意見と書かれている。宇治の原子炉設置が頓挫した理由が、大阪ではこうも捉えられていたと読めばいいだろう。

井上俊夫（一九二二年〜二〇〇八年）は、『従軍慰安婦だったあなたへ』（かもがわ出版、一九九三年）、『はじめて人を殺す　老日本兵の戦争論』（岩波現代文庫、二〇〇五年）などを晩年に出版して、戦争反対、憲法九条を守れのメッセージを関西から発信し続けた人。

二〇歳で中国戦線に赴き、死線をさまよう体験をして帰還。戦後は寝屋川町役場に勤務し、喀血しながら詩作に没頭した。一九五七年、詩集『野にかかる虹』（三一書房、一九五六年）が詩壇の芥川賞であるH氏賞を受賞。「農民詩人でありながら、この詩人の土性骨となっているものは、大都市の組織労働者的な感覚・生活把握力である」（同詩集の「跋」）と大阪の詩人界のまとめ役だった小野十三郎によって絶賛された。

続いて井上は、淀川を巡る様々な由来を記した地誌『淀川』『続　淀川』（いずれも一九五七年、三一書房）も出版。瀬田、宇治の源流から始まり、高度経済成長に入ったばかりの淀川べりを自転車できめ細かく訪ねまわって書き上げたもの。以後、淀川の歴史散歩を書くときの必読参考文献となった。詩人であり、歴史散歩作家でもあった井上俊夫が長編小説に初めて挑戦したのがこの『ベッド・タウン』であった。連載の終わった号の「編集後記」には、「今月号で井上俊夫氏の『ベッド・タウン』が完結した。原子炉問題や部落問題など、今日の日本におけるもっともアクチュアルな主題を多元的に追及した、前後十九回におよぶ長篇であった」と記されている。残念ながら『ベッド・タウン』はその後単行本にならなかったので忘れられたが、「編集後記」の称賛は決してほめ過ぎではない。その時代の大阪の河内平野の人々を描き切った、読みの応えのある作品である。

『ベッド・タウン』は一九五九年一月から始まる。東海村で国産原子炉第一号が起工した月である。関西では宇治と高槻で次の原子炉を誘致する計画が住民の強い反対に遭ってそのまま立ち消えるかもしれない情勢だった。しかし、大阪府の担当者は諦めずに、泥川市（寝屋川市がモデル）に隣接する「妙見町」（旧交野町がモデル）に誘致する計画を発表する。また、「妙見町」に隣接する「街道村」（旧水本村がモデル）当局も学校の修繕もままならない貧困な村財政から脱却するためにひそかに調査活動を進めるのだった。冒頭に引用したのは、村の担当主任が調査活動の一環として聞き取りに行った時のものである。

局面が一気に変わったのは「街道村」の被差別部落の人々の動きだった。「ボロ買い」と「パチンコ台ばらし」ぐらいしか収入源がない「街道村」。「俺たちの生活はただでさえ苦しいのに、この上、原子炉の放射能みたいなもん、浴びせかけられてたまるもんかい！」「宇治市や高槻市でことわられた原子炉を、なんでわれわれがひきうけねばならんのだ！」と三月下旬の善隣館の集会で決議する。

『寝屋川市史』第六巻・近現代史料編（二〇〇六年）をひもとくと、当時の決議文、新聞記事が二〇ページにわたって掲載されている。それと照らし合わせてみて、小説『ベッド・タウン』は、実際の出来事を丹念に追いながら、反対運動が実った余韻冷めやらぬ時期に書かれたものだとわかった。

作中に描かれた、寝屋川市会議員の部落差別発言や陳情の際の村人たちの「傷害事件」も実際にあったことだった。当事者たちの内面の揺れに丁寧に眼を届かせ、六〇年後の読者にも「さもありなん」と納得するように描いている。運動を後追いしたものではない。人物が生き生きと動いている。長編小説を読む退屈さが感じられない埋もれた名作である。

（はた　しげお・社会文学会）

宇治原子炉阻止の歴史的意味

槌田　劭

住民の反対運動による原子炉の建設阻止

一〇年ひと昔というが、福島第一原発に重大過酷事故の起こった二〇一一年三月一一日から、一〇年の時が流れた。今も崩落溶融した炉心の状態は見えない。大量の放射能は日々放出されており、一〇年経過した今日も、風化どころではない。被災者の苦労はつづき、脱原発、原発廃棄を求める声は当然のことながら、強くなっている。その中で、原子炉設置を阻止した事例として、宇治原子炉問題が静かな関心を集めはじめている。

日本の原子力、その最初期、一九五〇年代の半ば、研究用の原子炉建設が提案されたが、茶業者を中心とする地元・宇治の住民による強烈な反対運動で阻止された。原子力施設建設阻止の日本最初の事例であり、世界的にも最初のことかも知れない。しかし、地元でも思い出す人はほとんどいない。六〇年以上前のことで、くわしい事情を知る関係者のほとんどが、もう、この世には居ない。宇治原子炉建設に反対の立場を鮮明にして協力した科学者は、当時阪大理学部の教授であった、筆者の亡父、槌田龍太郎、ただ一人であった。事情を知っているだろうと、たずねられることもあるが、私自身についていえば、反対運動に参加もしていなかったから、何も知らない。当時京大理学部の学生であったから、何らかのかかわりがあってもよかったのだろうが、政治的思想的に悩み深かった頃であり、父親も私には声をかけなかった。学生運動も宇治原子炉に関心を寄せることは少なく、京大や阪大の教授たちと住民の対立としての反対運動を眺めていただけであった。

そのような事情で、宇治原子炉の反対運動について語る資格は、私にはない。しかし、亡父と断片的ではあるが、対話の記憶はある。聞き知っていることを通じ、宇治原子炉の時代的背景と亡父の倫理的道徳的ともいえる独特の思想、そして、反対運動が原子力開発のその後に与えた影響について考えてみたい。

原子力開発と時代背景

一九五〇年代は、講和条約発効（五二年四月）によって占領の重荷から解放されていた。戦後の極貧の中で貯え肥大していた欲求不満を背景に経済大国に向けての助走期であった。独立した日本は経済成長に必要な資源に乏しい。その乏しさの出口を探るべく、占領軍によって禁じられていた原子力の開発が注目され始めていた。そこに核アレルギー解消のために登場したのが、いかがわしい言葉、「平和利用」である。アイゼンハワー大統領の国連演説（五三年一二月）に初めて登場する。ビキニ水爆実験（五四年三月）、核開発競争の最中であったことを忘れるわけにはいかないが、それに飛びついたのが、戦前の青年将校で札つきの再軍備論者の中曽根（後に首相となる）と、元特高警察官僚の正力松太郎（読売新聞社主で、後に原子力委員会初代委員長）である。五四年度予算の緊急修正、具体的な実施計画もないままに、二億三五〇〇万円の原子炉建設補助費がつけられた（五四年三月）。二三五は核分裂性U—２３５をなぞった思いつきなのだろうか。予算のいい加減さを象徴している。思いだけが先行したドタバタ劇である。戦時中に軍事研究に従事させられていたことへの反省から、科学者たちは、その一か月半後に、学術会議総会において、核兵器研究の拒否と原子力研究の三原則（公開、民主、自主）を表明している（五四年四月）。米国に追随して、日本の再軍備が警察予備隊（五〇年）から自衛隊（五四年）へと急進展していた時期である。「平和利用」をいかがわしいと言ったが、金もうけのための「商業利用」を言いかえ、直接的な「軍事利用」でないだけのことである。炉中には核分裂の中性子によるＰｕ―２３９が生成するのであり、長崎型の原爆の材料となる。人々の原水爆禁止の流れ、いわゆる核アレルギーを軽減する効果をねらった「平和利用」の仮面であったのであろう。

いずれにしても、原子力の開発研究が「平和利用」の名で肯定されたのであるから、しかも多額の予算が降ってくるのだから、関係領域の研究者は吸い寄せられるようになびいたのは当然である。京大原子炉建設へと動き出した。

宇治川と放射性排水の危険

立地場所として、宇治市木幡の旧陸軍火薬工場跡に白羽の矢が立った（五七年一月）。その前年から、京大と阪大の関係者の間では、宇治案が浮上しており、亡父はその頃から反対していた。宇治川が阪神八百万人の飲料水源であり、放射能汚染によって生命と健康にかかわる危険が生ずるおそれが反対の理由であった。現地では、茶業者を中心に、風評被害の心配が拡がり、住民の反対運動が強まっていた。その状況に微量放射能と飲み水の問題が火に油を注いだのであろう。反対運動は宇治はもちろん、下流大阪をも巻き込んで、強く大きく拡がった。

科学者仲間では研究用原子炉への期待が強まる時期である。父親が孤立的に宇治建設に反対したのには、どんな背景があり、父は何を考えていたのだろうか。その後の発電用原子炉に反対する論理とも関係しており、吟味しておく意味はあるだろう。

宇治原子炉に熱心な京大教授の方々は「絶対安全」を保証し、「安心せよ」と説明していた。しかし、絶対安全などありえないだけでなく、当時の科学水準では微量放射能の健康への影響は国際的にも不十分な知見しかなかった。日本では意識もされていなかった。無知を自覚するところから、科学の実証的研究が始まるのだと確信していた父は、市民に対して科学者が傲慢であってはならないと思っていたのである。

当時の物理や化学も実験室は廃物排液の管理は極めていいかげんであった。このことは、私も直接、見分するところであった。公害事件として、企業犯罪が世に問われるようになったのは六〇年代以降のことであり、その当時は関心をもたれたことはなかった。京大でも「毒物たれ流し事件」として公害反対の学生たちの告発があり、環境保全に全学的に取り組むようになった。一九七二年のことである。

このような杜撰さで宇治の原子炉が、ことをなく、「安全だ」として建設されていたことを仮定すると、何が問題か容易にわかるだろう。その後の原発は今よりももっと安易に建設されることになったにちがいない。

人生経験にもとづく倫理性

無責任な実験室管理の心もとなさである。父が原子炉からの放射性排液が下流の飲料水に及ぼす危険を強く意識していたとしても当然である。しかし、立地反対の主張は科学者仲間からの孤立を意味しており、常識的には、ためらいがあるはずである。しかし、父にとっては、孤立し、排斥されることよりも、八百万人の飲料水を強く意識していたにちがいない。それは常識的人生とは異なる道を歩いてきたことと関係しているのであろう。

家業を継ぐべく商業学校に入学したが、商業の倫理性に疑問をもって、退学さわぎを起こしている。江戸の大火に木材を買いつけて巨利を得る話が、他者の災害不幸につけ込む機微、商人の「賢さ」として賞揚されることに疑問、反発したからだという。一度、商業の道を選んだ者にはそれ以外の転身が困難な不自由な時代であったが、検定試験の苦労の後、三高から東大へと進み、化学者の道を拓いた（註1）。

我が父ながら根性があったのだと思う。宇治原子炉反対に職を賭してと言われるが、父なら大いにありうることなのである。生き方と思想をひとつにつないでいたという意味では、できの悪い息子である私にとっては、今でも緊張感を伴う刺激であり続けている（註2）。

父のエッセーに「屁と尿」という文章がある。人前で平気で放尿排便するのはエチケット違反であるように、汚染物質をまきちらす企業公害の現実の犯罪性を問うている（一九五一年）。そして、「ホモクラシー」という考え方である（註3）。

デモクラシーは現生人類の物質的繁栄による利害を尊重しているが、自分たちの都合の利害で現在のことしか考えないとしたら理不尽だという。過去を引き継ぎ未来につなぐ責任をホモ・サピエンス（全人類）はもっと強く自覚すべきであるというのである。未来の人類の生存の可能性を脅かしつつ、現生人類の都合を優先するのは「未来人類への侵略」だともいう（註4）。

この立場からは、千年、万年の半減期をもつ核物質、核分裂物質を生成し、未来に残すことは重大な犯罪だと言わざるをえない。多くの人を殺す核兵器、そのための核実験はもちろん許しがたい。しかし、研究用であって、殺人目的でないとしても、やはり問題となるだろう。生成する放射性物質の安全管理、長期にわたって責任をもてるのかと問われるからである。悩ましい問題である。

安易に「絶対安全」「専門家を信頼せよ」と断言することが、どれほど傲慢で無責任なことか。千年万年の後まで毒性をもつ放射性物質を百年も生きられない科学者がどうして責任をとれるのか。その近代科学は、ガリレオに戻っても四百年の歴史しかない。その処理処分の方法は六〇年後の今もまったくわかっていない。今後の研究が大切だということになるのだろうか。

悩ましい問題をどう考えればよいのだろうか。宇治原子炉について、父は短いエッセーを一つしか残していない。限りある予算の中で安全対策を十分にすることがむずかしいうえに下流を放射能で危険に巻き込むことを恐れて研究活動を制約することになる。その意味で宇治は不適当であって、どこか水源地でない他の土地で、活発な研究が制約されないことが「われわれ科学者の希望だ」という（註5）。

未知なる世界を研究によって知りたいと思うのが科学者である。悩ましい矛盾に踏み込むことには躊躇があったのだろう。そのエッセーの執筆は宇治原子炉の断念（五七年八月）の二か月ほど前のものであり、その断念後は発言も行動も停止している。そして、放射性物質を研究領域に入れることもなかった。科学者としての研究欲とホモクラシーとの悩ましい矛盾を父なりに回避したのかもしれない。

漂流した原子炉は熊取町に

宇治後、住民の反対運動によって研究用原子炉は各地を五年間漂流した。大阪府下を高槻、交野、四条畷と二転三転のうえ、泉南の熊取町に落ち着いた。一九六一年である。和歌山県にほど近く、大都市、大阪の飲料水の汚染についての不安もなくなったが、候補地となった各地では、強い反対運動にさらされた。放出される放射能の危険が無視できないからである。

宇治が断念されて、立地候補として高槻市に重点が移った頃から、立教大の武谷三男教授や民主主義科学者協会（民科）が反対運動に参入するとともに、いわゆる民主団体の関心を集めることになり、問題は政治的にも拡がることとなった。政治的色彩が希薄であった宇治原子炉反対運動は、忘れられがちとなり、〝関西原子炉問題〟といわれるようになる。

この五年間の漂流の間に、原子力施設から排出される放射能への関心は、人びとに深くひろく定着した。このことは宇治における茶業者や住民による原子炉設置反対運動の残した大きな成果である。その後の各地の反対運動によって維持され、強められたことは、その後、一九七〇年代の反原発の住民運動にも強い影響を及ぼしたことであろう。もし、宇治に研究用の原子炉がこともなく建設されていたならば、安全対策はいい加減になっていたであろう。そして、発電用原子炉の建設はもっと安易にすすめられたのではないだろうか。

住民意志尊重の流れを

この成果に加えて、現地住民意志が尊重されるようになった。宇治を断念するにあたって、「地元の強い反対を押し切ってまで、宇治案を強行する考えはない」というところまで、反対運動は成果をあげていた。この成果は五年間の二転三転の流れの中で、一層強まっていった。この住民意志の尊重という考え方は、熊取町の研究用実験所を大阪府と地元が受け入れるにあたって、反対する民主団体との協議を経過したことに生きてきた。「大阪府原子炉問題審議会」が発足（一九六一年）し、放射能汚染の回避のために、住民参加による検査監視体制が整備されて後に、熊取実験所が建設されることになった（註6）。

この経過を反映して、熊取に建設された全国共同利用研究の京都大学原子炉実験所は、その運営においても、比較的ではあるが、公正なものとなった。とくに、放射能の環境に及ぼす影響には配慮されるようになっていた。私自身も、中性子回析の実験で原子炉建屋の中に入ったことがあるが、入室や退室にあたっては、慎重な点検を受けたものである。そのうえ、実験所の若手研究者の中から、反原発、脱原発の各地の運動に協力的なメンバーも出している。「熊取六人組」といわれていた。私も証人として協力参加した四国電力の伊方発電所の差止め裁判においては、この「熊取六人組」のお世話になって知識を拡げることができた。伊方の裁判だけではなく、全国各地の反原発運動を、彼らは協力し合って支えてくれた。国内だけでなく、チェルノブイリ事故や福島原発過酷事故にも、周辺地域の環境汚染調査など、さまざまな形で、研究と啓発に努めてくれた。このような、すばらしい仕事を実験所の経営幹部がどう思っていたか、知る由もない。しかし、六人組のメンバーはその能力にもかかわらず、昇任の機会は少なく、苦労もあったであろう。定年まで、立派な仕事を重ねられたことに尊敬の念を深めるが、同時に、彼らの研究を認め、在籍させてきた実験所の度量にも一定の評価は可能なのであろうか。

これもそれも、宇治原子炉阻止にはじまる漂流と混迷の中で、放射能汚染の危険性と住民意志の重要性が認識されていた成果だということができる。このことは、今も原発推進の政府と大電力会社には無視されてはいるが、現地住民の反対運動を導く指針となっている。

このように、宇治原子炉反対の運動は成果を残しているのだが、世は「お金の　お金による　お金の時代」、筆者は金主主義の時代というのだが、発電用の原子炉はお金の力で、ごり押しされている。過疎地に迷惑施設を押しつける理不尽は、お金のために、地元地域の自尊心を奪い、財政的に地域自立が奪われている。しかし、脱原発の流れを押しとどめることはできない。放射能汚染の危険性の認識と住民意志の尊重、宇治原子炉反対で播いた種は確実に育っているからである。

【註】1　「私は何故化学を選んだか」槌田敦・槌田劭編『化学者　槌田龍太郎の意見』（化学同人社、一九七五年）八ページ。

2　「屁と尿」前掲書一二五ページ。

3　「ホモクラシー――農業は最も尊い職業である」前掲書三三二ページ。

4　「未来人への侵略」前掲書一一五ページ。
5　「宇治の原子炉」前掲書一二九ページ。
6　門上登志夫著『実録　関西原子炉物語』（日本輿論社、一九六四年）。

（つちだ　たかし・使い捨て時代を考える会会員）

川上美貞回顧
――宇治茶を守り抜いた反骨の生涯

山口利之

このたびの玉井和次氏のご研究により、幾多の市井の埋もれた事蹟が明らかになりましたことは誠に感謝にたえない。

六〇余年の昔、私の祖父川上美貞がこの宇治の地で、多くの市民の声を集めて国の原子力政策に抵抗し異議を唱え、時の政府に政策転換を迫った。玉井氏によれば、当時の宇治のこの運動こそが戦後我が国の反原発市民運動の嚆矢であり、その役割から川上美貞は市民運動の先駆的人物であると。川上の死後すでに五〇余年、はたして泉下の本人はいかがであろう。玉井氏の労作に大いに感謝を申し上げこそすれ、市民運動家とのご評価にはいささか苦笑の面持ちではなかろうかと、仏壇の遺影に語りかける。思いつくまま彼の軌跡をたどってみることとする。

生い立ち

川上美貞は一八九三（明治二六）年和歌山県日高郡生まれである。男三兄弟の末っ子。幼少にして両親を失う。その後京都府宇治郡山科村（現京都市山科区）の叔父夫婦のもとで育つ。旧制同志社中学に進学。宇治木幡の老舗（創業一六四五年）製茶業「松北園」に奉公、永年勤め上げ晩年は同社取締役。終生茶業に専心し晩年には府茶業協同組合理事長も務めた。

一九一九年、二五歳で山科出身の小山せつと結婚、一男三女あり。一九五七年、この原子炉反対運動の当時は満六三歳。宇治茶生産一筋の商工人であった。後年、若年の私が、祖父を知る斯業の方に伺ったところ、「あんたのおじいさん、川上さんはな、宇治のお茶の神さんですがな！……」と一喝、宇治茶のことなど何も知らない私は大いにお叱りを受けて恐縮したことがあった。「神さん」は過分にしても、当時は宇治の茶業を牽引した人物であった。

その私生活

家にあっては、毎朝暗いうちから誰よりも早く起床して台所に立つ。男子厨房に入らざる人ではなかった。湯茶を沸かし牛乳を温め、食パンを一枚焼いて昨夜の残り物でひとり静かに朝食をとる。いや朝食の前には必ず、先ず朝一番、仏壇に正座して長々と読経、南無阿弥陀仏を唱える。夕刻帰宅すればなによりも先ず仏間に入って南無阿弥陀仏を欠かすことのない敬虔なる浄土真宗の門徒であった。

大きな額に収めた麗々しい「教育勅語」が自宅に残されている。戦前は自宅の壁に掲げていたという。家庭にあっては教育勅語さながらに謹厳にして厳格な家父長たる父親たらんとした明治人であった。

愛用のトランジスターラジオがいま手元に残されており、今も受信する。一九五〇年代の当時最新のソニー製品である。テレビ、洗濯機など当時普及しつつあった機器はご近所のどこよりもいち早く購入、色々と新しいものにためらうことがなかった。このあたりは固陋な明治人の印象ではなく、機械文明の発展に期待をかける二〇世紀初頭の青年の面影がみられる。

宇治茶を守れ！　闘う川上　その1

いま手元に古い文書、書簡類の束が残されている。

川上さん頑張ってや！　体に気を付けて！　留守家族は私らが、御心配なく！　等々、社員一同、近隣友人知人、同業者、親類縁者こぞっての支援、同情の声である。さらに様々なお見舞いの品々がリストに並ぶ。さながら戦地へ赴く出征兵士を送るがごとき声、これがすべて川上に向けられた声援の数々である。記録帳の表題に「美貞、名古屋出張記」とある。一体どんな出張であったのか。戦前のことである。時は昭和一五（一九四〇）年、こういう事件があった。

当時の新聞記事のスクラップが残る。その見出しはこうだ。「国策違反摘発！　愛知県警、宇治松北園の幹部を留置」。記事には「愛知県警は松阪屋百貨店はじめとする一流百貨店業界による国策違反粛清につきいよいよその取引先にも摘発の手を伸ばし……」とセンセーションである。続けて、有力取引先の「京都府宇治郡宇治村木幡の株式会社松北園取締役営業部長川上美貞氏（四八歳）を取調べ、同日名古屋拘置所に留置した」とある。容疑は九・一八価格統制令違反である。着々と戦時体制を進めた時代。昭和一三（一九三八）年、国家総動員法、翌昭和一四（一九三九）年、価格統制令施行。

資料によれば、当時、日中戦争の長期化を背景に国内は物資の欠乏に直面。政府はついに産業界に対し昭和一四（一九三九）年九月一八日、現在の価格をもってすべての商品を政府公定の価格とせよとする統制令を発令した。すべて商品は政府の決めた公定価格以外で売ってはならない。つまりは高級品、贅沢品の売買を禁止する措置に出た。これを世上、九・一八価格統制令といったようである。

新聞記事は続けて「松北園は茶をもって鳴る宇治一流の名茶舗で、昨年来東京、名古屋、大阪の松阪屋、三越、高島屋など全国一流の百貨店に九・一八価格をはるかに超える価格で高級品を売買、計九千三百九十円に上る不正な利益を得た容疑。川上氏の召喚は全国茶業界に大きな衝撃を与えている。」と書いてある。その後の記事に「名古屋区裁判所はこの国策違反事件に対し株式会社松北園に罰金三千円、社長に罰金二千円、取締役営業部長川上美貞に罰金三千円の判決を言い渡した。」と。さらに続けて「なお今後暫次全国問屋筋にも粛清の手が伸びるはずである。」と全国の商工業者に警告、注意喚起を呼びかけている。

政府はこの際、一罰百戒、公定価格統制令の威力を示し商工業者並びに国民を威嚇する必要があった。巷には「贅沢は敵だ！」のビラが貼られ、町行く華美な服装の女性には愛国婦人会のきびしいお咎めが入ったという、そんな時代である。

川上等茶業者は百貨店並びに消費者の求めに応じ、評価の高い玉露をはじめ宇治の高級茶を自信をもって従来どおり全国の百貨店に卸していただけである。まず贅沢品を扱う百貨店業界の「粛清」を狙い撃ち、その手始めに宇治茶玉露を贅沢品の槍玉にあげ、商品を卸した宇治の茶業者松北園を摘発の標的とした。誰か「ひとり首を差し出せ」とのお上のお達しに営業部長の川上は若年の社長に成り代わり、ひとり名古屋の当局に出頭した。時に四八歳、男盛りではあった。

宇治茶を守らなければならなかった。宇治茶同業関係者、友人知人の支援と大きな期待を背負って彼は以降約二か月にわたり孤軍奮闘、体を張ってお上と対峙した。統制令違反、つまり刑法犯以外のいわゆる企業経済事案である。ただし時は戦前、国家総動員法発令下である。いやしくもお上に盾つく由々しき非国民であるにちがいなかった。川上の名は新聞に出るに及んで近隣の知るところとなった。川上に輪番の町内会長の番がきた。しかし「非国民に会長は任されん！」の勇ましい声が上がり妻は誠に胸のつぶれる思いであったという。

時代は変わって戦後、高校生の私を前に祖父川上は言った。いわく、「刑務所はええぞ！　三度の粗食に風呂は「入れ！」「上がれ！」の号令一下、日々規則正しく、健康この上なく、精神修養に誠に良し！」と過ぎし昔の名古屋拘置所体験をいかにも楽しそうに呵呵大笑。わが身にやましきこと無ければお上といえども何ら恐れるに足らず、良い体験であったと豪胆不敵に言い放ち、反骨の明治人の面目躍如たるものがあった。ただし、当時高校生の私に対してはさすがに教育上好ましからずと、傍らの祖母が「もう……おやめやす！」と祖父を制止したことが思い出される。

宇治茶を守れ！　闘う川上　その2

一九五七年二月、「川上さん頑張ってや！」の大きな声が駅前に響き渡った。宇治原子炉反対運動である。国鉄奈良線木幡駅頭に数十の人々が結集、川上と同行の若き市議藤井治男氏を見送った。多数の市民の支援の声に感激したと彼は語る。さながら郷土の出征兵士を送るかのような熱気であったと語り草になっている。

宇治原子炉設置反対に決意を込めて、国会の「衆議院科学技術振興対策特別委員会」に参考人として出席のため東京へ向かった。川上にとって死守すべきは宇治茶を支えるこの宇治の郷土と住民であった。

新幹線開通までなお八年。蒸気機関車の東海道線はやっとその前年に全線電化したばかり、ただし特急でも約八時間かかった時代、東京までは一日がかりの長旅であった。時に川上六三歳、晩年である。

川上は保守派の企業人であった。当時の商工業者の常として保守政党支持。保守合同以前の民主自由党（吉田派）京都二区選出の前尾繁三郎の支持者であった。前尾は当選一二回、宇治の茶業者の支援も大きかったといわれており、そこに前尾と川上の接点があったようで、終生前尾支持者であった。

前尾支持派の川上と日本共産党との接点はなかった。ところが、昭和三二（一九五七）年の冬のある日、日本共産党の機関紙『赤旗』（当時は『アカハタ』）の記者が取材のため自宅玄関を訪れた。家人は恐らく共産党の取材は受けず一蹴するものと思いつつも一応来訪を取り次いだ。ところが川上は断らず、自ら玄関先に進んで若い赤旗記者に大声でこう言った。「日本共産党はこの原子炉設置に反対か賛成か！」「反対です！」「反対の記事を書くのか、書かないのか！」「反対の記事を書きます！」「必ず書くんやな！」と念を押し、「よっしゃ、わかった！　入れ！」と記者を招じ入れた。この問答のあと長々と取材に応じたという。反対の一点で手を組めるならば政党党派は問わない姿勢であった。

宇治茶を守れ！　闘う川上　その３

その後昭和三〇年代後半のこと、地域住民から、またまた「川上さん、頑張ってや」の声が上がった。

松下電器産業（現パナソニック）が宇治木幡に工場進出を計画した。時の宇治市長はいち早く内々に進出を応諾していたという。

これに対して地元住民は市民生活に重大な影響を与える工場誘致を住民に諮ることもなく認めるとは民主主義にもとる暴挙であると市長に詰め寄った。このとき率先して住民運動を展開したのは川上であった。当時、松下電器は高度経済成長を背景にすでに関西の大企業として発展、社長松下幸之助は経営の神様としてその名は夙（つと）に有名であった。

図19　松北園前で茶談義する川上（中央、1950年頃）

川上の当時の発言にこうある。「天下の松下電器といえども、ただし一私企業にすぎない！　住民無視の姿勢は許しがたい！」と。天下の松下にひるむことなく抵抗の声をあげたのであった。

当時の宇治は緑の茶畑が延々と美しく広がっていた。そこへ強引に進出を図る松下電器は宇治茶にとって脅威であった。

時に川上、七〇歳目前の最晩年である（図19）。

明治人の民主主義

「天は人の上に人をつくらず」。福沢のこの言葉は明治人にも広く知られていた。自由平等を求める民主主義である。

川上は明治人である。硬骨漢で、一貫した企業人であった。もとより民主主義を声高に叫ぶ人ではなかった。しかしその軌跡をたどると、この明治人はその反骨と正義感でつねに主張を発信し、人々を束ね、体を張って率先垂範、理不尽な抑圧に抵抗し屈することがなかった。地域住民とともに民主主義を闘った。ここに図らずも彼の市民運動家としての姿が浮かんでくるのであろうか。

彼はいつでも直談判であった。明治人川上の基本的スタイルである。国会議員であれ市長であれ、また権威ある学者であれ、直に会って話す。税務署長にも銀行支店長にも直接会って聞き話し談判する。電話電報は急ぎの用だけ。遠方であれ参上しお会いしてお話を伺うのが礼儀である。さもなければ綿々としたためた丁重な書簡の往復である。今日とはコミュニケーションの取り方がまるで違う。

しかし悲惨な戦争の時代をくぐりぬけた明治人である。彼にとってはいかなる難題も「話せば解る」、これが民主主義だと確信していたかのようである。

彼は死の直前まで日記を残した。記述はごく淡々である。家計はすべて妻に任せた。妻せつは結婚以来五〇年にわたる克明な家計簿を残した。商人にしては誠に寡黙で硬い性格であったが、おおらかで社交家の妻に大いに支えられていた。

先の大戦にあっては一人息子の徴兵を辛くも逃れたのは幸いであったが、終戦直前、長女（当時二七歳）を医療事故で亡くした。川上夫婦の嘆きは大きかったが幾百万の命が奪われた戦争直後、命の値段は安かった。明治の男は家族にすら涙を見せるわけにはいかなかった。

川上の朝な夕なの熱心な南無阿弥陀仏の読経は明治の男の嘆きの心であったかと、その孫は遥か後年になって気づかされた。

孫の筆者はいわゆる戦後世代である。しきりに民主主義を口にしてきた世代である。翻ってわが身を顧みれば、勤め人であった幾十年、恥ずかしながらつねに前後の忖度怠らず、同調圧力に右顧左眄の歳月。すでに祖父川上の年齢をいくつも過ぎてしまった今、身をもって立ち上がり闘う民主主義を実践した明治人の精神に、大いに学ばねばならぬと、ただただ恥じ入るばかりである。

川上は昭和四二（一九六七）年春先に体調を崩して死去、享年七二歳。終生、宇治を愛し、宇治茶と郷里紀州を愛してやまなかった。

晩年の一句。

「ふるさとの黒潮おどる春の海」

（やまぐち　としゆき・宇治原子炉設置反対運動史研究会員＊川上美貞の長女の長男）

原子炉設置予定地と活断層ほか

中西伸二

近くに三つの活断層

宇治研究用原子炉設置予定地の近くには、地震を起こす活断層が三つあります。その活断層は黄檗断層、宇治川断層、桃山断層です。これらの活断層の一つでも動けば設置計画の宇治研究用原子炉は最大地震動の震度七に襲われます。

近い将来、宇治を襲う巨大な「南海トラフ地震」は、宇治は震源から遠く離れているので震度は六と想定されています。その地震動の周期はやや長周期なので原子炉建屋は強固なＲＣ（鉄筋コンクリート）構造であることから原子炉建屋の大きな損傷、崩壊はたぶんないでしょう。しかし、この設置予定地は軟弱地盤なので震度は六強が予想されますので、原子炉で大事な冷却水配管やポンプ、電気系統などへの大被害が想定されます。

二〇一一年三月に開通した旧阪神高速京都線は前述の三つの活断層近傍なので、設計段階でこれらの活断層地震各々の地震応答震動台実験が実施されました。この三つの各々の想定地震の大きな揺れは特段に凄まじいものでした。筆者はこれまで多くの各種橋梁の震動台実験に多数携わってきましたが、宇治在住なのでこの三つのどれかの活断層地震が襲ったら自宅はたぶん全壊するであろうと思いながらこの実験に携わりました。

天ヶ瀬ダムと山津波など

宇治研究用原子炉の給・排水は宇治川を利用します。この宇治川上流約三㎞に大きな天ヶ瀬ダムがあります。天ヶ瀬ダムがあるが故に宇治研究用原子炉予定地は大洪水に見舞われることになります。その大洪水の発生原因は次の三つが考えられます。

①最悪の場合は、地震により天ヶ瀬ダムが決壊することです。

②次は、地震や大雨により天ヶ瀬ダム上流で大規模な「山津波」が発生し、ダムに大量の越水が発生することです。場合によっては大量のダム越水がダムを決壊させることも考えられます。

③ダム本体は健全でも「ダムは水害を防げない」と今本博健京都大学名誉教授は著書『ダムが国を滅ぼす』で事例も示して警鐘しています。理由は、ダムは洪水を調節するものであるので計画水量以上の大雨があればダム下流に一定の放流をするからだ、と言うわけです。約四五年前、河川工学専門の岩佐義朗京都大学教授（当時）は「天ヶ瀬ダムは三五〇年に一回の大雨にはもつが、五〇〇年に一回の大雨にはもたない」と言われていました。近年は四五年前と比べて地球温暖化のもとで五〇〇年どころか、一

〇〇〇年に一回の大雨が地球上の所々で観測されています。天ヶ瀬ダムがどんな大雨でも大丈夫とは言えません。

宇治で夢のエネルギー研究・実験が！

京都大学宇治キャンパスにはヘリオトロン実験装置があります。この実験装置は「地球で太陽を作る」という核融合エネルギー開発を進めるものです。湯川秀樹博士らが中心となって一九五八年に京都大学内で発足した高温プラズマ懇談会の研究で、京都大学が創案した装置です。核融合とは核という名がつくので原子力発電を想像しますが、核融合発電は真逆で、多くの長所を有していると言われています。

核融合では平和利用（発電）と軍事利用の原理が異なるため、発電目的の研究が軍事転用の恐れが少ないことから安全保障上の制約も少なく国際協調が進んでいます。平和目的のための核融合研究を国際協力のもとで行うことが提唱され、日本や米国、欧州、中国など参加するＩＴＥＲ（イーター）計画が国家プロジェクトとして実施されています。核融合発電は「夢のエネルギー」として研究開発がなされていますが、まだまだ多くの技術的課題が横たわっており、その実用化は二〇五〇年頃と言われています。

（なかにし　しんじ・元京都大学技術専門官、宇治原子炉設置反対運動史研究会員）

寄　稿

祖父・川上美貞を想う

奥西知子

二〇一一年三月一一日、東日本大震災に引き続いて東京電力福島第一原発で起きた過酷事故、その第一報をいつどこで聞いたのか、今となっては記憶がありません。しかし、やっぱり起きてしまったのかという衝撃、こういう事故はいつかきっと日本でも起こり得るとわかっていたはずなのに、自分はそれを止めるために何もしてこなかったという後悔の念が、同時に湧いてきたことは今もはっきり思い出すことができます。

当時私はまだ現役で働いていたのですが、八一歳になる母親が末期がんの闘病中でした。病状が進行していたこともあり、この事故について母と話すことは結局一度もありませんでした。まさに事故が進行中の福島から遠く離れた京都で、どうすることもできない自分への無力感、それがあの時の一番正直な気持ちだったと思います。母には二歳年上の伯母がいて、その時はまだ元気でたびたび見舞いに来てくれていました。そんなある日、宇治の実家にずっと住んでいたその伯母が私にこんな話をしてくれました。

「昔、宇治に大学の研究用原子炉を作るという計画があって、おじいちゃん（伯母はその次女、母は三女）はその反対運動を熱心にやっていた。国会にまで出かけて行って証言もしたんやで」

祖父は私が小学生の時に亡くなっているのですが、それまで一度もそんな話は聞いたことがありませんでした。まず、母も父（岩井忠熊・立命館大学名誉教授）も、そして祖父と違ってずいぶん長生きした祖母も、まったくそんな話をしたことがなく、その時伯母から初めて聞く話でした。何より私自身、かつて宇治市に約二〇年暮らしていたけれど、研究用原子炉とかその反対運動とか、そういう話は一切聞いたことがなかったので、にわかには信じがたい、それが最初に聞いたときの正直な思いでした。

私の記憶の中にある祖父川上美貞は、今もJR木幡駅のすぐ近くに社屋がある松北園という茶問屋に勤める一介の商売人でした。両親とその子である私と弟は、京都市伏見区に住んでいて、母の実家にあたる川上の家には時々行くことがありました。しかし、孫の私にとって祖父は、典型的な「明治生まれの男性」で、口数も少なく気難しそうな人に見えて、私たち孫に対して親しげに話しかけることもない、こちらからも親しげに話しかけにくいようなそういう「おじいちゃん」、まだ子どもだった私にはそういう印象しか残っていません。

しかし、娘である母や伯母に言わせると、孫に対してはともかく、祖父は自分の妻や娘たちの言うことになんかまったく耳を貸さない「封建的」で「保守的」な父親だったらしいことは聞かされていました。松北園では最後、支配人を務め、商売人としてはなかなかのやり手だったという話も聞いたことがありましたが、「反対運動」とか「国会で証言」とかそんなことからは最も遠い存在としか見えなかったのです。ですから、本当にそんなことがあったなんて信じられない、もし本当ならば、どうして誰もその話をする人がいなかったのか？　最初にこの話を聞いたときはそうとしか思えませんでした。

原発事故のおよそ三か月後、母は亡くなり、そして一年後にはこの話を私にしてくれた伯母も亡くなるのですが、未曽有の大混乱の時期でもあり、まだ仕事をしながら身内を見送る大変さもあって、本当にそんなことがあったんだろうかと思いつつ、事の真偽をきちんと確かめることもなかなかできませんでした。しかし、宇治にはたくさんの知人もいたので何人かに質問はしてみたのですが、やはりそんな事実があったということを知る人には誰にも出会わなかったので、最初に抱いた疑念は深まることはあっても解消されることはありませんでした。

仕事をもっている身では気軽に調べに行くこともできず、また何をどう調べたらよいのかもわかりませんでした。ところがある時、ふと思い立って手元にあるパソコンで検索してみようと思ったのです。その時まで私自身まったく知らなかったことだったのですが、実は日本の国会での質疑はすべて、戦前の第一回帝国議会から今日に至るまで、すべての委員会において行われた議論は文字通り「すべて」、インターネットで読むことができることがのちにわかるのです。伯母から話を聞いてあまり日にちが経っていなかったと思うのですが、まだ半信半疑という気持ちであった頃に、まさかと思いながら、「川上美貞　国会　証言」とか適当なワードを打ち込んで検索してみたのです。そうしたらそのものずばり、一九五七年二月二一日、衆議院科学技術振興対策特別委員会で私の祖父が行った証言自体が出てきたのには本当に驚きました。子どもの頃の私の記憶の中のあの「おじいちゃん」が間違いなく国会に「参考人」として出席し、宇治の地元が今回の研究用原子炉の危険性についてどれほど心配しているかを、大勢の国会議員を前にして語っていたのです。

その後、この研究用原子炉計画がどうなったか、そしてその事実が言わば「歴史の闇」になぜ埋もれることになったのか、それは本書を読んでいただくとして、自分の身内が「日本初」、いやおそらく「世界初」の原子力施設（商業用の「発電所」ではなく、あくまでも「研究用の原子炉」）設置反対運動に関わっていたことを知って、私はこの事実を後世に語り継ぐことこそ、自分がまずやるべきことだと思ったのです。祖父川上美貞をはじめ、この「運動」を担った人たちには、自分たちが「歴史を動かした」とか「自分たちが世界初」などという意識はまったくなかったでしょう。だからこそ誰もこの出来事を語り残そうと思わなかったのだろう、彼らの心の内にあったのは自分たちのささやかな暮らしや仕事の平穏を守りたい、ただそれだけだったのだろう、だから誰もそのことを語り残そうと思わなかったにちがいないと初めて合点がいったのです。

茨城県東海村に東京大学の研究用原子炉が「誘致」され設置されて早六〇年以上、地震や津波だけでなく絶えず大規模な災害に襲われてきた日本列島の各所に、五四基の「商業用」原子力発電所をはじめとして多くの原子力施設が作られてきました。なぜこんなにたくさんの施設を「作らせて」しまったのかという後悔の思いとともに、日本各地至る所でこの種の施設の建設を「止めて」きた歴史もまた数々あったことを、あの事故後に私たちは知ることになります。祖父川上美貞は和歌山県の生まれ、まだ子どもの時に伝染病で家族全員を失い身一つで京都に出て来た人であり、墓は今も和歌山にあります。和歌山県と三重県にはかつてたくさんの原発建設計画があったことが知られていますが、今も紀伊半島には一基も原発はありません。そして宇治を出発点に各地で「反対」されることになる京都大学の研究用原子炉は、最終的には和歌山県に近い大阪府熊取町へ設置されることになりますが、一九六六年に亡くなった祖父はその後の経緯を知ることもなかったのです。そして祖父だけではなく、この「反対運動」に関わった多くの人たちはみな名もなき市井の人であり、ほとんどが二〇一一年の事故より前に亡くなっています。自分たちが行った運動が大きな歴史的意義をもっていたことを意識することがあったかどうかも定かではありません。だからこそ後世を生きる世代がこのことを記録し記憶にとどめておくことが必要なのではないか、それが宇治研究用原子炉設置反対運動史研究会結成の動機であり原点でした。

同会の玉井和次氏の多大なる尽力の賜物である本書を通して先人たちの足跡を知っていただければ幸いです。

（おくにし　ともこ・宇治原子炉設置反対運動史研究会会長＊川上美貞の三女の長女）

父・藤井治男の姿を求めて

石原浩美

「とうちゃんはおはかでネンネ……」

父の姿が見えないのを尋ねる二歳の私に、大人たちがそう答えたのでしょう。呪文のように唱える幼子の姿に多くの方が涙したと言います。

昭和三二年四月二二日、父・治男は大阪府庁、大阪市役所へと出向き、帰宅。疲れたと就寝した後、二三日未明、「ウーッ」といううめき声とともに、母・姉・私を残し旅立ちました。三六歳での早世は最年少で宇治市会議員に当選したわずか二年後でした。

思えば、木幡におけるこの原子炉建設反対運動は父にとって、支えて下さった多くの皆様への議員として最初で最後のご恩返しになったのではないかと思います。

父の急逝半年後、母は父の弟である三男（みつお）と再婚し、私たち姉妹にとっては叔父であった三男が養父となって今日まで育て上げてくれました。お酒も嗜み明るく社交的だった治男とは対照的に、養父は厳格な高校教師でした。

幼い頃からつねに父に遠慮する母の姿を見て育ったため、私は養父から生前の治男について多くを尋ねることができませんでした。ところが、たまたま以前ある同級生に、実父が市会議員当時、木幡での原子炉建設反対運動に命を捧げたという話をしたことがありました。後に偶然そのことを玉井氏が彼女から耳にされ、その後私にご連絡があり、それが玉井氏と私の初めての出会いでした。

当時、東日本大震災による原発事故を受け、地元木幡でも約六〇年前にこのような反対運動があったことを知人から知らされた玉井氏が調査を始められた直後でした。それ以降、私の知る限りの事実をお話しするとともに、当時を知る方々のご親族等を一緒に訪ね、多くの貴重な情報を得ることができました。

今回、玉井氏が調査の中で大きな柱として捉えられたものの一つとして宇治茶があります。なぜなら、この運動において製茶業界は当時とても大きな役割を果たしたからです。木幡には古くから製茶会社（お茶屋さん）が数多くあり、今や茶園はほとんどが宅地化されましたが、私の子どもの頃はあちこちに広大な茶園がありました。宇治茶と言えば、祖父芳之助は宇治橋通りの茶箱製造「さし治（じ）」商店の三男坊で、祖母と結婚後木幡にて茶箱製造「箱芳（はこよし）」を営んでおりました。木幡の多くのお茶屋さんへ茶箱を納入し、親戚にもお茶屋がある関係からか、今回玉井氏とお話を伺いに行く先々で皆様胸襟を開いてお話下さり、有難い限りでした。

今回、六十余年前にこの木幡の地で起きた原子炉建設計画、環境悪化を懸念して反対した住民、宇治茶業界や他の多くの業界について、玉井氏による子細な調査によって私自身も初めて多くを知ることができました。志半ばで旅立った父もさぞや天国で喜んでいることと思います。

今や木幡は以前の茶園が宅地やマンションへと変貌し、多くの方々が他の地域から転入されています。古くは藤原一族の陵墓が点在した歴史ある木幡の地ですが、先人の方々の多大なる努力があって、現在穏やかで住みやすい土地であり続けているのだということを、お一人でも多くの方々に知って頂けるよう願ってやみません。

最後に、この調査に一意専心で取り組んで頂いた玉井氏に、そしてご協力頂いた多くの方々に心より感謝申し上げます。

（いしはら　ひろみ＊旧姓・藤井）

原子力とヒロシマ

阿部　裕一

私は、宇治の原子炉設置反対運動が起きた一年後の一九五八年三月に広島市内で生まれた。母は、一三歳の時に爆心地からおよそ三キロメートル離れた比治山という場所で被爆。父は、当時山口県にいたが、実家が広島市内にあり、原爆投下三日後の八月九日に入市被爆。両親ともに被爆者の被爆二世だ。母方は、母親（私にとっての祖母）と姉、妹が亡くなり、遺骨も見つかっていない。母は被爆体験を語りたがらなかったが、一度だけ兄と一緒に家族を探すため焼け跡を歩き回った時の惨状を聞いたことがある。

幼い頃の記憶にあるのは、被爆時の怪我が原因で腰が直角に曲がった祖母（父方）の姿と、毎年八月六日、母に連れられて訪れる平和公園の原爆供養塔。身元のわからない遺骨が納められており、毎年新たにわかった身元を記す納骨名簿が公開されるため、母は自分の母や姉妹の名前がないか確認しに行っていた。もちろん、幼かった私は母の行動の意味があまりわからず、ただ照りつける太陽の日差しの強さだけを鮮明に覚えている。広島にいると、周りに被爆者が多くいるので、被爆二世ということを強く意識することは少なかったが、自分もいつか白血病にかかるのではという不安は抱えていた。

今回、宇治の原子炉設置反対運動のことを初めて知り、改めてあの時代のことを調べると、ヒロシマが原子力の平和利用に深く関わっていたことがわかる。一九五五年、アメリカ下院の議員が「人間の発明を死のためではなく生のために使うべきだ」という見地から、広島に原子力発電所を建設するべきだという法案を提出した。さすがに支持は広がらず立ち消えに終わったが、当時の浜井信三広島市長は「(原爆)犠牲者の慰霊になる」と歓迎のコメントを残している。

原子力発電は夢のエネルギーともてはやされ、一九五五年から始まった原子力平和利用博覧会は、翌五六年、広島でも開催。会場は、原爆資料館だった。会期中、原爆の惨状を伝える資料は館外に移された。さらに、私が生まれた五八年に開催された広島復興大博覧会のテーマの一つは、「原子力の平和利用の促進」だった。原爆資料館は会期中、「原子力科学館」と名称を変え、被爆体験を伝えるホルマリン漬けのケロイドが展示される一方、日本の原子力開発状況や東海村の原子力研究所の資料なども展示されており、文字通り被爆体験と平和利用が共存していた。しかし、その後私たちは、チェルノブイリや東海村臨界事故、福島で、原発も原爆同様ヒバクシャを生むことを知る。

こうして振り返ると、宇治の原子炉設置計画が持ち上がった五七年は、まさに国を挙げて原発推進に向かう時。その渦中に計画を阻止する反対運動があったことは特筆すべきことだ。その理由や背景は本書に詳しく書かれているが、私が一番に感じるのは生活者の目線に立った運動だったということ。今も、原発を巡っては政治的あるいは経済的な視点から論じられることが多いが、やはり大切なのは、そこで日々暮らしている人たちの声。自分たちの生活が脅かされるかもしれないという切実な思いだ。それは、絶対安全など有り得ないという素朴な疑問に他ならない。唯一の被爆国にもかかわらず、核兵器禁止条約に背を向け、原発再稼働に動く今、この反対運動から学ぶべきことは多い。

最後に反核運動の父と呼ばれた、被爆者・森滝市郎氏の言葉を改めて心に刻みたい。

…「核と人類は共存できない」


（あべ　ゆういち・宇治原子炉設置反対運動史研究会員）

❶宇治原子炉設置反対運動関連年表

宇治原子炉設置関係	その他の関連情報
	1945（昭和20）年 8・6　広島に原爆投下 8・9　長崎に原爆投下 **1946（昭和21）年** 1月　国連1回総会で国連原子力委員会設置が決まる 7・1　米がビキニ環礁で戦後初の核実験 8月　米原子力委員会発足 11・3　日本国憲法公布 **1947（昭和22）年** 5・3　日本国憲法施行 **1949（昭和24）年** 7月　国連原子力委員会活動を一時停止 8・29　ソ連原爆実験に成功

1951（昭和26）年

朝鮮戦争勃発に関連して、旧火薬廠跡に火薬製造設備を再稼働させる計画が持ち上がる。（1953年に計画はとん挫）

10・29　火薬製造タンクを解体中、火花が飛んで火薬に引火、3名死亡、6名重軽傷、付近民家百戸が

11月　湯川秀樹ノーベル賞受賞

1950（昭和25）年

1・31　トルーマン大統領水爆開発を指令

3月　ストックホルム・アピール

5・1　京都大学宇治分校開校

6月　朝鮮戦争勃発

7月　レッドパージ

8月　警察予備隊令発布

8・6　平和を守る会、ストックホルム・アピール署名運動開始

11月　米トルーマン大統領、朝鮮戦争での原爆使用を示唆

1951（昭和26）年

5月　京都大学春季文化祭「わだつみの声にこたえる全学文化祭」で同学会が原爆展を開催

7月　京都大学同学会、丸物百貨店で「総合原爆展」開催

9・8　サンフランシスコ講和条約調印

ガラス破損など被害

1952（昭和27）年

- 6・18　宇治小学校で催された市民大会で約400の市民が火薬製造所復活反対を決議
- 6・21　宇治市議会で火薬製造所復活反対の請願書が全会一致で可決。宇治市議会は「旧軍施設使用に関する意見書」を総理大臣・大蔵大臣・通産大臣等へ送付
- 8・10　30団体の代表者が出席して南山城国民代表者会議第1回会合で当面『東宇治火薬製造所復活反対』の運動を強力に進めることを決定
- 9月　宇治市議会に「宇治火薬廠設置反対特別委員会」が設置される
- 11月　東宇治分工場再開促進同盟は市会にも陳情書を復活賛成者2500の署名を添えて提出
- 11・27　宇治市会は「たとえ火薬廠復活が決定的となっても、これを覆すまでは全市民一丸となって〝火薬廠復活絶対反対〟平和産業誘致に全力を注ぐ」ことを再確認

1952（昭和27）年

- 4・28　サンフランシスコ講和条約発効
- 10月　英、初の原爆実験
- 11・1　米、マーシャル諸島のエニウェトク環礁で水素原子爆発実験に成功

1953（昭和28）年

12・5　約20労組が参加し南山城地方労働組合協議会の結成大会。議長に国鉄労組南近畿地方本部役員藤井治男氏

1954（昭和29）年

6・29　宇治市議会、宇治火薬廠設置反対特別委員会を廃止して、旧軍施設転用調査特別委員会を設置

1953（昭和28）年

7月　朝鮮戦争の休戦調印

8・12　ソ連、水爆実験に成功

8・28　日本テレビ、放送開始

12・8　米・アイゼンハワー大統領が国連総会で「平和のための原子力」演説

1954（昭和29）年

3・1　第五福竜丸、ビキニ環礁で被曝

3・2　保守三党（自由党、改進党、日本自由党）が原子力予算提出

3・4　原子力予算案、衆議院本会議通過

3・14　被曝した第五福竜丸が焼津港に帰港

3・16　『読売新聞』が第五福竜丸被曝を報道

4・23　日本学術会議、「核兵器研究の拒否と原子力研究の三原則（公開・自主・民主）決定

5・9　原水爆禁止署名運動杉並協議会結成（議長・安井郁）

5・11　内閣に原子力利用準備調査会を設置

7月　林屋新一郎、川上美貞、平岡憲太郎らが火薬所復活反対署名運動起こす

7・20　火薬工場復活絶対反対の要望書を42名連名で市長、議長らに提出

8・2　上林春松（茶問屋）は林屋新一郎、川上美貞と懇談し反対運動の統一を呼びかけるが、両氏は我々は思想運動ではないと応じず

8・21　地労協が反対運動統一を呼びかけ

8・21　林屋新一郎、川上美貞、平岡憲太郎ら42名が集めた復活絶対反対の署名が宇治市有権者の3分の1の7千余名となり、9月に嘆願書として宇治市に提出

8・28　川原通産省課長が宇治火薬所を視察し、「全国各地の火薬製造施設を視察したがほとんど破壊されているが、宇治火薬所だけ無傷」と発言

9・11　宇治市特別委員会は川原通産省課長と面会し、政府は宇治火薬所を一日も早く復活、ヘキソゲン製造に着手したい意向を確認

1955（昭和30）年

7月　防衛庁・自衛隊発足

8・8　ジュネーブで第1回原子力平和利用国際会議を開催

8・12～22　新宿伊勢丹で「だれにもわかる原子力展」開催

9・19　原水爆禁止日本協議会結成（事務総長・安井郁）

1955（昭和30）年

1月　米、第五福竜丸事件の慰謝料支払い決定

2・2　日本テレビ、「原子力の平和利用」放送

4月	南山城平和を守る会（会長上林一雄氏）では世界平和評議会の原子戦争反対アピールに対応して署名運動
5・26	蜷川虎三府知事より火薬製造所復活についての意見を求められている池本甚四郎宇治市長は「火薬製造ならば反対」と知事に答申書提出の予定
6・19	東宇治出身の藤井治男市議ら5氏は火薬庫跡地に5千戸の住宅誘致について市会に特別設置委員会設置、黄檗に国鉄駅設置を働きかけることを決める
9月	京都大学工学研究所、研究用原子炉の設置計画案を文部省に提出
6・21	日米原子力協定仮調印
8・6	第1回原水爆禁止世界大会開催（原水爆禁止署名が3300万名に至る）
10月	新聞週間標語「新聞は世界平和の原子力」
10月	原子力合同委員会の発足（衆・参両院による超党派の委員会（委員長・中曽根康弘衆議院議員）。
11・1	日比谷公園で原子力平和利用博覧会開催
11・15	日米原子力協定調印
11・22	第三次鳩山内閣で正力松太郎が原子力担当大臣

1956（昭和31）年

1月　京都大学、学内に原子力利用準備委員会設置

8・30　文部省、京大に研究用原子炉1基を設置する案を科学技術庁に提出

10・1　京都大学が旧陸軍火薬廠分工場跡の実地測量調査開始

10・24　科学技術庁原子力局長より文部省大学学術局長

に任命される

11・30　原子力研究所が発足

12・16　原子力基本法・原子力委員会設置法成立

1956（昭和31）年

1・1　原子力委員会が発足。初代委員長に正力松太郎国務相

1・4　正力委員長「5年以内に実用的原子力発電所を建設したい」と発言

3・1　日本原子力産業会議発足

4・8　原子力研究所の設置場所が東海村に決まる

4・23　日本学術会議第17回総会で原子力平和利用の三原則が決議

5・19　科学技術庁が発足。正力松太郎が初代長官

5・27　広島で原子力平和利用博覧会開催

8・9　長崎で第2回原水爆禁止世界大会開催

8・10　日本原水爆被爆者団体協議会結成

9・6　原子力委員会、「原子力開発利用長期基本計画」を発表

へ「研究用原子炉の設置について」を送付

11・19 文部省大学学術局長より京都大学長に「関西方面に設置する研究用原子炉設置の準備委員会について」を送付し準備委員会は京大に設置とする

11・30 第1回設置準備委員会開催。準備委員長に湯川秀樹を選任

12・17 第2回設置準備委員会開催

1957（昭和32）年

1・5 舞鶴調査を京大・阪大の合同委員会で実施

1・9 第3回設置準備委員会で「宇治を第一候補地」と決定

1・13 藤井治男宇治市議、大石源一木幡公民館館長ら有志数人が木幡公民館で原子炉問題について協議し、市会へ反対の申し入れをすることに決定

1・25 宇治市主催で午後2時から宇治小学校講堂で説明会が開催され約600人が参加

2・5 宇治原子炉設置反対期成同盟を結成

2・9 南山城平和を守る会幹事会で討議した結果、原子炉設置反対態度を決定

12・20 鳩山内閣総辞職。正力も大臣を辞任

12・23 石橋湛山内閣成立。原子力委員長に宇田耕一

1957（昭和32）年

2・13　火薬廠跡で爆発。死傷者10名

2・16　京都府茶業協会（小山英二会長）は理事へのアンケート結果に基づき、原子炉設置反対を池本宇治市長に申し入れ

2・21　衆議院科学技術振興対策特別委員会で参考人として川上美貞が意見陳述。

2・26　京都府茶業協会（会長小山英二）は京都府知事、京都市長、京都府会議長、京都市議会議長と研究用原子炉準備委員会委員長湯川秀樹の各氏あてに設置反対の陳情書を送付。

3・1　伏見酒造組合（理事長大倉治一氏）が京都市議会に研究用原子炉の宇治市への設置反対に関する陳情書を提出。

3・5　反対同盟、京大に湯川秀樹設置準備委員長を訪ね、設置反対の決議文を渡す

3・6　湯川秀樹が京都市議会で原子炉について説明

3・22　林屋新一郎（府茶業協組専務理事）ら八名が宇治市議会へ「原子炉宇治設置絶対反対」の請願書を提出

3・26　反対同盟から請願された宇治原子炉反対に関する請願を審議するに際し宇治原子炉特別委員会を設置（委員長稲田宗太郎、副委員長藤井治

2・25　第一次岸信介内閣成立

3・1～8・1　英、水爆実験のため南太平洋クリスマス島周辺を危険区域に指定

	男）
3・29	原子力委員会は湯川秀樹の辞任を承認
4・5	第4回設置準備委員会。湯川秀樹の準備委員長辞任を承認。「文部省としては……特に、設置場所については宇治川が阪神地方の水源地の上流に当るため、社会的反対があり、また、防護対策等に要する予算の問題もあるので慎重な考究を加え」と決定
4・23	藤井治男市議死去
7・2	宇治市議会、「宇治原子炉設置反対に対する請願」を満場一致で採択し断固反対を決議。池本市長も議会の意見を尊重し反対に踏み切る
8・20	第5回設置準備委員会、「宇治放棄」「高槻阿武山を候補」決定。
8・27	東海村の実験用原子炉が臨界実験に成功

❷川上美貞の国会での意見陳述

第０２６回国会　科学技術振興対策特別委員会　第５号

昭和三十二年二月二十一日（木曜日）

午前十時三十五分開議

出席委員

委員長　菅野和太郎君

理事　赤澤　正道君　理事　有田　喜一君
理事　齋藤　憲三君　理事　中曽根康弘君
理事　前田　正男君　理事　岡　良一君
理事　志村　茂治君
小笠　公韶君　小坂善太郎君
須磨彌吉郎君　古川　丈吉君
保科善四郎君　南　好雄君
山口　好一君　岡本　隆一君
田中　武夫君　滝井　義高君
山下　榮二君　石野　久男君

出席政府委員

科学技術政務次官　秋田　大助君
総理府事務官（科学技術庁長官官房長）　原田　久君
文部事務官（大学学術局長）　緒方　信一君

委員外の出席者

科学技術庁次長　篠原　登君
総理府技官（科学技術庁原子力局次長）　法貴　四郎君
文部事務官（大学学術局学術課長）　岡野　澄君
厚生技官（公衆衛生局環境衛生部長）　楠木　正康君

参　考　人
（宇治原子炉設置反対期成同盟幹事）　川上　美貞君
参　考　人
（大阪府議会議長）　大橋　治房君
参　考　人
（京都大学工学部教授）　児玉信次郎君
参　考　人
（大阪大学理学部教授）　伏見　康治君
参　考　人
（大阪市立大学医学部助教授）　西脇　安君

○菅野委員長　これより会議を開きます。

科学技術振興対策に関する件について調査を進めたいと思いますが、本日は、宇治市に予定される研究用原子炉設置に関する問題につきまして、参考人より意見を聴取いたします。

本日出席の参考人は、大阪府議会議長大橋治房君、宇治原子炉設置反対期成同盟幹事川上美貞君、大阪市立大学医学部助教授西脇安君、京都大学工学部教授児玉信次郎君、大阪大学理学部教授伏見康治君、以上五名であります。

……

それでは、川上美貞君より御陳述を願います。

○川上参考人　私はただいま御紹介をいただきました宇治に住んでおる川上美貞であります。私は現在宇治市の東宇治町木幡に住んでおりまして、お茶の製造、栽培をやり、またお茶の商いをもやっておる者でございます。今度宇治に設置せられるところの原子炉から最短距離五百メートルくらいの所に住んでおりまして、そしてお茶の工場を持ち、またお茶の販売にも従事しておるわけであります。つきましては、今日ここへお呼びにあずかりまして、地元の意見を開陳することのできたことを、まことに光栄と思っております。

原子力というものは、われわれにはほとんど未知の世界でございまして、われわれは何ら意見は持っていないのでございます。しかしながら、原子力というものは今日世界の科学のホープであって、何にも知らぬわれわれといえども、これをおろそかに考えてはならぬということは十分存じております。それにつきまして、十一月の中ごろにどうやら宇治に原子炉が来るらしいということを聞いたので、これは一応黙って見ているわけにはいかぬと思い、十一月の中ごろに同郷の林屋新一郎君と――林屋新一郎君は、石川県から出ている参議院議員に林屋亀次郎さんという方がおいでになりますが、その人のおいになる人で、われわれと同じく茶を作り、茶を販売しておるものでございます。この二人が寄って、池本市長を訪ねて、申し入れをしたのでございます。何がゆえに申し入れしたかといいますと、原子炉というものはどうでも必要なものではあるが、このわれわれの知らない世界のものが来る以上は、こういうことについて少し知識を得ないことにはいかぬ。それについて池本市長に、どうかこの原子炉を宇治に持ってくる際には、あなたが簡単によろしいということを言わないで、いろいろの学者の意見を十分聞いて、われわれ地元の者にも十分聞かしてもらって、そうして宇治に持ってくることをオーケーするなりあるいは拒絶するなり、どっちかに踏み切ってもらいたい、そうしないと、あとで後悔するようなことがあってはならぬから、この点とっくりとあなたはお考え願いたいと言うて、最初に申し入れたのでございます。その後、だんだん新聞なんかの報道を見ますと、どうやら宇治にくるようなけしきが非常に多くなってきた。しかしながらわれわれは、宇治の市長さんにも、また市会議員の方々にも、学者の意見を聞く機会というものはほとんど与えられなかったのでございます。それについて、私ははなはだ不審に思っておったところ、一月に入って、原子炉がいよいよ宇治に設置されるらしいが、あなた方はどう考えるのだといって、私に新聞社方面からもお尋ねをいただいたわけであります。これは、われわれの考えていたことを早急に何とかしないことには、はなはだ窮地に陥るだろうと思っておりましたが、幸いわれわれ京都府茶業協会の会長をしております小山英二君の紹介をもちまして、あなた、一ぺん会うたらどうやというので、私は阪大の槌田教授に私の自宅へ来ていただいたのでございます。そのときに、土地の農業会の人とか、あるいは茶業者とか、また医者さんとか、その他土地のいろいろな関係方面の方二十人くらいに来ていただいて、午前九時半から午後二時ころまで、槌田教授からいろいろなお説を伺ったのでございます。それについて槌田教授のおっしゃるのには、十分な施設をすれば、これはそう危険であるものではないというお説もあるが、またわれわれが考えなくちゃならぬことは、あるいは天災、あるいは水害、あるいは雷というようなこともあるから、そういう意味においては、十分の施設をしても絶対安全ということは言い得ない、そういうように承わったのであります。

それから一日置いて一月二十五日に、宇治市の私の方の地区の東宇治町小学校において、初めて京大の先生あるいは阪大の先生がお見えになって、宇治市の主催のもとに説明会が開かれたのでございます。そのときに、京大の先生のお話を一々承わりましたが、われわれの聞いた範囲では、どの先生方も、一応設備のいかんによっては心配はないというお説であったのであります。しかしながら、そのときに、槌田教授は、そのときの説明の一員に置かれてなかったのでございます。そうしたところが、地元の聴衆の中から、槌田教授の発言を許せという声があちらにもこちらにも上ったので、最後に槌田教授が発言をせられて、一昨日私が聞いたのと同じような意見を繰り返し述べられたのでございます。そのときには三百人あるいは五百人くらいの聴衆があったと思いますが、いなかの会合としては、ほとんど類例のないほどたくさんの聴衆が熱心に日の暮れるまでみな聞いて帰ったのでございますが、やはり安全であるというお説よりは、不安であるというお説の方に耳を傾ける人が多かったように私は存じております。

われわれは何がゆえに不安全であると感じるか、これはほかでもございません。それは十分の施設をすれば安全であるには違いない。しかしながら、一方には不安全であるというお説もある。そうして不安全であった場合には、確かに危ない。しかも、大阪、神戸のような大都市を下流に控えておる水源地である。その意味において、なかなかこれはゆゆしい問題である。しかも、安全であり不安全であるということは対々であるとしても、何がゆえに私は不安に思うかといえば、ほかでもない、当初先生方は何とおっしゃるかというと、地震、水害ということに重きを置かれるが、私は地震や水害よりは、なおかつ人の落度というものがあるだろうと思う。ことに科学というものは、一つを研究し、失敗してはまた進んで、そうして研究を完成する。この段階において、おそらく失敗ということがたびたび繰り返されるものであろうと思うのであります。未知の世界を研究するにおいて、初めからたんたんとして成功いちずにいくというようなことは、ほとんど想像することもできないと存じます。その意味において、水害だとか、あるいは地震だとか、先生方の言われること以外に、大きな問題が残されておるのじゃないか。何がゆえに私はそういうことを言うかというと、あの建物は、以前は火薬製造所であったのであります。私が過去四十五年向うに住んでおる間に、火薬製造所の大爆発が二回、小爆発が二回ありましたが、この四回ともいずれも人の手落ちであったのでございます。最初は、明治の末期か大正の初期と思いますが、火薬庫から火薬を本工場へ運ぶ最中に、トロッコがひっくり返って、大爆発を演じたのであります。そのときに、近所にある学校なんかは、ガラスが全部破壊いたしました。幸いトロッコを置いていた人がやぶの中へいち早く逃げ込んだがために、またそこがやぶであったがために、被害が比較的薄かった。次に起ったのは昭和十二年の八月十六日午後十一時ごろでありましたが、私はこの記憶はなまなまといまだに忘れることができません。ちょうど支那戦争が起ったときで、私は係であったがために、夜業をやっておったわけです。関西ではあの時分にはお盆であって、しかも十六日といえば、精進明けのために、皆一ぱい聞し召して仕事場に入った。その早々一つの工場が大爆発を演じて、そのときに従業していた者が七人か八人壁の下になったりなんかして、即死いたしました。周囲の家は倒壊したものもたくさんございますし、またわれわれの方は一キロ半も隔てていたが、屋根のかわらはほとんどめちゃくちゃにされました。そういうようなわけで、非常に悲惨なものをありありと見せつけられたのでございます。しかしながら、戦時中であったので、それは大した補償もいただけずに終ったわけであります。しかし、戦時中のことは仕方ないとしても、その後、昭和二十六年に解体工事をするときにも一回ございました。それがまた最近、二月十三日にもありました、これはまだなまなましたものです。それは、この間解体工事をしておるときに、火薬を入れていた桶のたがをアセチレン・ガスで切っている間に火薬に引火して、どのくらいの欠けちょこがあったか知らぬが、大爆発――大爆発ではなかったのです。これはほんのわずかであったけれども、地方の者が非常に驚いた。それはガラス窓が割れた程度であったから、非常に仕合せであったと思います。私は、五年ぐらい前にあの火薬製造所が復活するという問題が起ったときに、大反対したのであります。何がゆえに反対したか、これは国家存亡の場合ならいざ知らず、もう日本も軍備がなくなって、火薬なんかは緊急な必要でないときに、あの市中になった伏見や宇治に隣接しているところに火薬製造所を引っぱってくる必要はないと思うたから、宇治市の市内全体で七千名ほどの署名をとって反対をやったんであります。これは火薬製造所の場合でありますが、これは四回とも人の落度でございます。だから、科学者におかれても、十分の設備とまた細心の注意をせられても、ここに落度がないということは、私は言い得ないと思う。それがために私はやはり心配になっておる、たまらないのでございます。

そういうわけで、今度置かれるところは宇治川の上流であって、下流には六百万といい、あるいは八百万という大都市を控えている。水というものは、赤ん坊から年寄りに至るまで一日も半日も欠くべからざるものである、その意味において事が重大である、そういう工合に感じるのでございます。われわれも地元で井戸を使い、また水道を使っているから、非常に関心は深いのであります。その以上に、私は地元においてお茶の栽培をやりお茶の製造をもやっておりますから、このお茶に汚染をするようなことがありとしたら、おそらく宇治茶の需要は半減するんじゃないかと私は想像するのであります。この間も、私どもは東京にも三十軒余り問屋さんのお得意を持っておりますが、私の方の店の者が東京へ来て、あんた方宇治に原子炉ができて、そしてこれが運営せられるようになったら、宇治の茶を買われるかと尋ねたところが、二十五人まで、そういうところの茶は買わなくても、茶というものには不自由がないから買わないということを言われるにおいては、われわれはこれは安閑としていられないということがはっきりと認識できるのであります。これは私の方の店が言うばかりでなく、この間もある人が、実は僕もこの間秋田県に行ったら、そういう話を聞いた。してみると、原子炉がいつできるかわからぬのに、もうお前のところの茶は買わないというようなことを言われるにおいては、われわれの立場は、これは食うか食われるかのような立場に追い込まれるのでございます。食うのでなく食われるのでありますから。そういう意味において、大阪では六百万ないし八百万の人口があるという。宇治茶は現在問屋業者が約百五十軒、扱うお茶が百二十万貫、金高にして十五億円の商売をやっておるわけであります。ですから、日本の人口一人当りのお茶の消費は一ポンド半と言われますから、百八十匁であります。そうすると、百二十万貫の茶は六百万の人が一カ年飲むところの茶でございます。してみると、これは社会的のゆゆしい重大問題であろうと思うのであります。大阪が六百万ないし八百万という人口の飲料水に関係があるということなら、宇治の茶は六百万の人間が一カ年飲む茶の量で、大阪の人口にも劣らざる膨大なる関係があるということを思うたら、われわれ茶を作り茶を栽培する者は、安閑としてこの問題を考えるわけにはいかないのでございます。しかしながら、この原子炉なるものも宇治に置かなかったら絶対置く場所がないというならば別として、宇治でなくともほかでもできる原子炉でないかということは、われわれしろうとの常識においても考えられることであろうと存ずるのでございます。おそらくこれは宇治ということをきめて、まず第一候補地ときめて既成事実ができ上っているから宇治にこだわられるけれども、私はそういうことではいかぬのじゃないかと存ずるのでございます。その意味において、われわれも先日からいろいろとお話を聞いてみますと、最近クリスマス島で英国が水爆の実験をやるということ、日本の国会を初めあらゆる人が反対しております。これは、東京でも大阪でも九州でも、全部この原子爆弾の被害の受け身になるから国会が反対せられるのであろうと思う。われわれは宇治といい、伏見といい、大阪、兵庫といい、受身になるものは真剣に反対するのである。これは食うのでなくて食われるから反対するのである。京都が同じ近くでいても、京都は水道は関係がない。水道は琵琶湖から疏水を取って引っぱっているから関係がないというので、案外京都の人は近くでありながらのんびりしている。同じ京都市でも、伏見は宇治川から水道をとっておるからのんびりしていられぬ。この間も伏見の月桂冠を作る酒造会社の重役に会うて私が尋ねたら、最近伏見においては、四十軒の酒造組合が反対の決議をして、要所々々へ陳情したということを承わったのでございます。これは当然のことと思います。ですから、受け身になる人は、思うことが全部痛切に感じる。受け身にならない人は、案外向いの火事のごとくのんびりしている。私はこの点は人情としてぜひはないとしても、これは少くとも私は当然の話とはいえはなはだ遺憾に存ずるのでございます。その意味において、私どもも、茶業者の意見を聞くのでも、先日も京都府茶業協会の会長をしている小山英治君が――この茶業協会には二十二人の理事がございます。茶業協会といえば、京都府の生産と販売の両面にわたった行政機関の団体でございます。そのアンケートをとってみましたら、ここにそのはがきも持っておりますが、二十二人のうちで十九人の理事の回答でございますが、反対が十三人、賛成が二人、条件つきの賛成が二人、中立が一人、多数決決定が一人で、大多数が反対ということになっております。これはまだほとんど説明を聞かない人が多いだろうと思いますが、何にしてもこういったような数字の回答が現われているところから見ると、茶業者は事のほか関心を持っているものと存ずるのでございます。ここにはがきがございますから、この実際問題を見ていただいたらわかると存じます。そうして、まだあまり長い話じゃないのですが、われわれ地元が先日も公民館へ寄りまして、宇治の原子炉反対期成同盟というのを作ったのでございます。それで、何がゆえにそういうことをしたかと申しますと、宇治の池本市長も市会の方もきわめて事が重大だと見ておりながら、市会なんかも何ら働いておりません。私は先日大阪の市会の事務局をたずねて、大阪の市会の御意見を聞いてみますと、非常に強い意味において反対の気分を持っておるということをおっしゃられました。このことはもっともであった、その背後には六百万の市民がおるということから見まして、私は、万一の場合のことを思っても、強い反対を示されるということは当然のことであろうと存じたのであります。私は、先日宇治の市会議長にさるところで会うて、お話を聞いたら、なに宇治みたいな小さいところの市会がそんなにやいやい言わぬでも、大阪がやってくれるじゃないか、あなた方の希望通りになるよ、そういう実に心もとないことを言われるにおいては、われわれははなはだ寒心にたえないものでございます。その意味において、私どもはこのわれわれの地区に、小さい地区でございますが、宇治の原子力反対期成同盟というものを作ったのでございます。この期成同盟を作った趣意は、こういう意味において、期成同盟を作って強く推進していこうじゃないかというのです。

最初に、原子の三原則には、原子は公開であり、民主的であるということを承わっておるが、初めこの宇治にきめるということは、ほとんど天下り式にきめられたようで、それまで何ら公開の席でわれわれは聞かされたんでなかったのであります。かような重大なる炉の設置を、既成事実を先に作ってしまって、そうして押しつけるようなことをするということは、民主主義に反するのもはなはだしいものではないかと私は信ずるのであります。一昨日であったか、私がこちらへ立つ前の日に、京大の経済学部の部長さんと思いますが、出口教授が私をたずねてみえた。そうして、何か御用ですかと言えば、この原子炉についてお話があるのだというので、しばらくお話を承わったのでありますが、大体宇治に今だいぶ反対運動が盛んであるということを聞くが、どういう実情であるのか、私も地元に住んでいるのだから、一応あなたの意見を聞かせいというようなことで、この出口さんは重大なるこの問題に御関係ではなかろうが、部長会議なんかでそういうお話があるがために、ある程度の意見を持たねばならぬというお考えからだろうと思いますが、今時分になって宇治の反対の意見を聞いたり、あるいはまた宇治の実情を調査しようというようなことは、こういう重大問題の設置をきめるに当って事前にそういう調査をしないというようなことに至っては、あまりにもそこつでなかったかと私は言うほかはないのであります。そのほかにもまだ京大の先生がおられますが、この間も路頭で会うてちょっとそのことについてお話を聞いたら、私一個人としては反対だが、大学に勤めている以上は、そいつは表立って反対することもできないからということをおっしゃる、実に学者の良心にもそういうことがあるのか、私は学者という職についておられる方はみな人格のりっぱな方で、全くわれわれが敬意を表せられる方のように今日まで存じておったのであります。今もそう思うておりますが、この問題一つに至っては、私は学者の良心も疑うのであります。何がゆえに疑うかというたら、大阪、神戸を控えた、六百万の人口を控えた水源地である宇治にこれを置く、あるいは六百万人の人間が年中飲むお茶を扱う宇治にこういうものを置かれるということは、場所がい い、御自分たちの便利のために、人が心配であろうが、迷惑をこうむろうが、不安であろうがかまわぬとそこへ置くことを強調するということにおいては、これが果して良心でありましょうかどうか、私はこれを疑うのでございます。そういう意味においても、われわれは反対同盟を結成して推進せざるを得ないのであります。そこへ持っていってわれわれはいろいろ――先日も岡本先生が選挙区の立場でもあるので、わざわざわれわれの地区へ来ていただいて、熱心に、十分の説明をすれば、これは大丈夫であるから安心して可なりというお説やけども、私は露骨に、先生から幾ら聞かされても、僕には安心することができないのだ、できないから僕は先生には済まぬ、われわれのために好意的に忠告に来ていただいたのやろうけれども、私は済まぬ、私は幾ら親が勧めても、自分がいやなおなごと添えと言われても、自分はいやなおなごと添うことはできない、何としてもいやなものはどうすることもできないのでありま す。この意味において、岡本先生にも済まぬと思うたけれども、そう言うてお断わりしたわけであります。そうして、過去において火薬廠でのもう苦い経験は、この身をもって四回も体験したのです。その上に、先日も十三日のこの火薬廠の爆発は大爆発ではなかったけれども、そのときに女なんかは逃げ惑うて、こんな火薬でさえがこれなのに、このあと原子炉が来たらどうなりますというて、女子供は走り回っていたような状態を私はこの目で見たのでありまます。そういう意味から思うたら、われわれはあの火薬の爆発ぐらいでは大して驚きません。なぜなら、もう中にはそう大爆発をするような物はないのだから、ガラスが割れるぐらいに思っていたのです。その意味においては大して驚かなんだのですが、女や子供、そういったような場面も見せつけられたわけであります。それで、ここは、火薬製造所の跡は、まだ土の中にも火薬のかけらもおそらくずいぶんあるそうです。私は、十三日の爆発は、――あれは財務局の管理であるそうでありますが、火薬の製造をした跡始末もしないで再々爆発する物をほったらかしておいて、そうして一円でも安く上げるような工事請負者に解体作業を行わせるというような無責任なことをやっておるようなことでは、財務局のやり方にも私は重大な責任がありはせぬか。おそらく火薬の爆発ぐらいをこわがっておるようなことでは、今日生活ができぬ、そう言われるかもしれませんけれども、不必要な人心を惑乱するようなことがあっていいものでしょうか、どうでしょうか。

○菅野委員長　川上参考人に申し上げます。御陳述は一人二十分ほどと申し上げております。結論をお急ぎ下さい。

○川上参考人　その意味において、私は宇治原子炉反対期成同盟の結成をしたわけでございます。それで、先日もわれわれはここに署名をとりましたら、木幡の住民は二千二、三百でございますが、およそ、小さい者以外に千五百の署名がわずか三日かそこらの間にここにちゃんとまとまったのでございますから、いかに地元の者は火薬にこり、また今度原子炉に驚かされるかということを心配しておることは、これをもってもわかると思います。そうして私は商人でありますから、かつて旅行をするときに、人から送ってもろうたようなことはございませんが、昨日木幡の駅を出るときには、いなかの駅には、珍しく七、八十人の人が、女もまた男も見送ってくれて、わしがカバンを持ってやろうというようなことで、私は出発して、全く感激したのでございます。その意味において原子炉が宇治にできるということになれば、この大阪六百万の人心の不安、またわれわれ宇治の茶業に携わる者、お茶を扱う人の非常な不安というものを思うと、政治に携わるこの委員会の先生方にも深甚の御考慮を願って、私は善処をしていただきたいと存ずるものでございます。

はなはだ激越なことを申し上げて、失礼なことも数々あったであろうと思いますが、私の陳述はこのくらいの程度におきます。ありがとうございました。

❸原子炉およびその関連施設の安全性について

日本学術会議原子力問題委員会（一九五八年五月）

われわれは、原子力開発の急速な進歩を切望するものであるが、それと同時にわが国民の受けた不幸な経験から、原子炉の事故がかえってその後の開発に重大な支障を与えることのないよう、その安全性について、特に慎重を期すべきものと考える。その観点から、われわれは、まずこの問題についての基本的な考え方を統一しようと試み、下記の如き諸結論に達した。

この原則の上に立って、将来個々の場合につき、具体的にどうすれば安全性を確保しつつ原子力の開発を進めることができるかという点について。最善の努力を尽すべきであると考える。

A　放射線障害（内部照射を含む）の特性

(1)　放射線障害は．従来の毒物障害と質的に異なっており、新しい考え方をもってのぞまなければならない。

(2)　放射線障害は人間の感覚によって知覚できない部分が大きい。

(3)　放射線は人間の遺伝に対してはどんなに照射量が少なくてもそれに応じただけの影響がある。

また体細胞についても同じような現象が認められている。

B　「安全性」の概念

(1)　原子力平和利用を推進する際には、その安全性を最優先するという考え方から出発すべきである。

(2)　原子炉およびその関連施設（以下便宜上「原子炉」と略称する）の「安全性」は科学技術的に充分検討さるべきは勿論であるが社会的問題であることを忘れてはならない。

(3)　原子炉はその固有な安全性の他に人為的な措置に関するもののあることを考慮しなければならない。

(4)　わが国においては、各種天災の多いことを特に考慮しなければならない。

C　設　置

(1)　安全性の条件は、初期においては極めて厳密に考え、ある程度国内的・国際的経験を積んだのち、次第に条件をゆるめるという方式で進めるべきである。初期においては、研究用原子炉でも、安全性を優先して場所を選ぶために、多少研究者の便を犠牲にせざるを得ない場合がある。

(2)　設置場所の選定・設計・運転等の当事者は、特にその安全性に対し、実質的に責任を負わなければならない。

(3)　原子炉の設置場所は、人口過密な地域・重要産業地域・主要河川流域等をなるべく避くべきである。設置場所自体を安全性の重要な要素と見なすべきである。

(4)　設計・建設の間を通じて検査監督が充分に行なわるべきは勿論、運転・保守の段階においても、行き届いた安全規則が確立され、それに従って慎重な管理が行なわるべきである。

(5)　原子炉の安全性は直接住民の生活に関係するところが深いから、設置に際して、および建設後の管理について、地域住民の意志を充分に尊重しなければならない。

D　許容量

(1)　許容量は「その線まで許せる」という観方をすべきではない。そのような科学的な線は存在しない。
(2)　許容量は「これ以上であってはならない」という線が、種々の条件に応じ、被害と受益との見合において設定されるものである。
(3)　国際許容量は、このような考え方で暫定的に決められたものと見なされる。なお、その量はここ数年来次第に引下げられる傾向にある。

Ｅ　補　償

原子炉の設置に際しては、操作者、周囲の住民、いずれについても、放射線の照射を受けることを「できるだけ少なくする」という精神で貫かれなければならない。

万一の場合の補償について、国家が直接間接に責任を持つべきは当然であるが、被害が急速に現われず、また直接認め難い被害のあることを銘記し、それに対する配慮を欠いてはならない。

❹湯川秀樹の「湯川の原子力委員就任にあたっての考え」

＊京都大学基礎物理学研究所の承認を得て掲載

（日本学術会議昭原子核特別委員会委員　各位あて、一九五六（昭和三一）年一月一〇日付）

拝啓　今回原子力委員会委員となりましたことについて事前に原子核特別委員会にお諮り致さなかったのは穏当でなかったという御意見の方もあるように聞きますので私の考えておりますことを申上げて御諒解を得たいと思います。

原子力委員の中で学界を代表するもの二名の中の一人として茅学術会議会長を通じて就任の交渉がありました際、私が第一に考えましたことは基礎物理学研究所長と原子力委員（非常勤）とが両立し得るかどうかという点でありましたが、原子力委員会はわが国における原子力研究・開発の基本方針を決定することを任務と致しおるのに対し、基礎物理学研究所は原子力研究・開発という枠に入らない基礎研究を実行することを使命としておりますから原子力委員の職責と基研所長の職責とは一応別物であるという意味で両立し得るものと考えられます。勿論将来両者が互いに重なりあったり干渉しあったりする恐れが全くないとはいえません。例えば基研における研究が発展して原子力研究と密接なつながりを持つようになってこないとも限りません。そのような場合には原子力研究の枠に入れる方が適当だと思われるような研究は基研の外に出して他の適当な研究機関で行ってもらうようにすべきであると私は考えています。

それにしても実際問題として、基研所長と原子力委員という二つの重要な任務を遂行できるかどうかが問題でありましたが、この点についても大体支障がないであらうという見通しを得ましたので「基研所長としての職責が果たせる限りにおいて非常勤の原子力委員をお引受けするが、できるだけ早い機会に基研所長の職務だけに専心できるようにしてほしい」という希望条件を申し入れ諒解を得た次第であります。

次に私が原子核特別委員会の委員の一人であるにも拘わらず、同委員会の諒解を求めなかったのは怪しからんというお咎めもあらうと思いますが、これについいては私は一応次のように考えていた次第です。

原子力問題はいうまでもなく原子核物理学とも密接なつながりを持っていますがしかし他の学問の色々な分野へのつながりがますます密接且つ広汎となりつつあり、学界からの二名の代表は単に原子核物理学界ないしは物理学界の代表というよりもはるかに広い意味を持つものと考えられます。従って茅学術会議会長は学術会議内の原子力関係の諸機関の意向を聞いて私に交渉されたものと諒解し私の進退を決したのであります。しかし私が現に基礎物理学研究所長であり、且つ、原子核特別委員会の委員の一人であるという面から見れば、同委員会にもお諮りするべきであったという考え方にも理由があると思います。私には原特委（原子核特別委員会）を通じてあらわれる原子核研究者の意見を軽視しようというような気持は少しもありません。しかし僅か四名しかない原子力委員の一人として国民が納得するような発言をするためには私が単なる原子核研究者の代表であるという印象を与えない方がよいという考慮も必要であったと信じます。この点についての私の苦しい立場を御諒察下され私の至らなかった点は何卒御寛容下さるようお願いする次第です。しかしそういっても私が原子核研究者の一人であることには変りはないのでありまして、皆様の御鞭撻、御批判なくしては私が原子力委員としての職責を果たしてゆくことはできないのでありますから何卒私の力に余る重荷に堪えてゆけるよう今後も御支援下さるよう御願い申上げます。

❺設置準備委員会に関わる文書

＊本資料は京都大学複合原子力科学研究所の許諾を得て掲載するものである。黒塗り部分は個人情報保護法による。判読不明文字は「●」とした。年は「昭和」。

①研究用原子炉設置に関する打ち合せ会＊原文は横書き。

３１・１１・１３　研究用原子炉設置に関する打ち合せ会

大学における基礎研究及び教育のための原子炉の設置については原子力開発利用長期基本計画（31・4・1内定）の主旨に従い原子力委員会（31・10・16開催）において「関西方面に原子炉一基を設置し大学連合等により運営を行うものとする」等のことが決定され、原子炉設置の具体的措置についての検討が行われた。

出席者名簿

日本学術会議　原子核特別委員会委員長

〃　　副会長

〃　　会長

〃　原子力特別委員会委員長

北海道大学
東北大学
東京大学
東京工業大学
東京教育大学
名古屋大学
京都大学
大阪大学
広島大学
九州大学

②第一回設置準備委員会

研究用原子炉設置準備委員会記録

＊原文は京都大学工学研究所のＢ５縦長罫紙に縦書き。

日時および場所

昭和三十一年十一月三十日（金）午前十時　文部省第一会議室

出席者
別紙委員名簿のとおり委員全員のほか
文部省
京　大
阪　大

議事内容
■学術局長から準備委員会設置にいたるまでの経過について説明があり、ついで京大総長から研究の自主性を要望し今日までの関係当局の御協力を感謝すると共に今后も御援助を御願する旨挨拶し、炉の設置に関する重要事項について十分かつ早急に御審議願いたい旨述べ、ついで局長から■委員を議長として議事を進めたい旨諮り■■委員もこれを承諾
委員長からこの委員会は開催回数を少なくし、重要な事項のみ大綱を決定することとしたい旨述べ一同了承
研究用原子炉の利用目的、炉の形式、設置場所の選定、炉の運営方法について順次審議に入る

一、研究用原子炉の利用目的について
京大■委員から研究用原子炉の利用目的について説明があり委員から動力炉に直接関連する研究は望んでいない。基礎的研究用の炉として考えている旨発言があり、東大阪大側委員もこれに異議なく結論として関西に設置される炉は基礎研究用中性子源として利用するということになった。

一、炉の形式について
基礎研究用中性子源として利用するための炉の形式に種々討議されたが形式としてはスイミングプール型　一〇

○○KW　ニュートロンフラックス10^{13}ということに決定したが、開放型か密閉型かについては今後慎重に検討の上決定することになった。なおこの間国産にすることの可否等についても討議されたが結論は出なかった

■次官出席挨拶

一、炉の設置場所について

炉の設置場所について京大阪大から現在まで調査した箇所について簡単な説明があり、土地については一応現地を調査する必要があり、現在京大阪大で慎重に検討中であるため次回の決定を持越することになった

一、炉の運営方法

文部省としては宇宙線観測所と全じ性質の全国共同利用施設とする方針が明らかにされたほか決定事項はなく、運営委員会等について次回審議することになる

以上で議事を終了

総長から委員会に対する所感の発表があり、次回は十二月十七日京都において開催することとし、午后二時散会

研究用原子炉設置準備委員会（十一月三十日）において各委員に配布の書類

一、委員名簿　　二部

一、研究用原子炉の設置について（三一原局第三四一号）写

一、研究用原子炉の利用について

一、研究用原子炉の設置場所について

記録

■局長挨拶

京都大学に研究用原子炉設置委員会を設け、原子炉の型、設置場所、管理運営の方法等について審議するため委員会を設けることになり、京都大学に通知した（十一月十九日付）

■総長

京大より炉設置に関する予算を申請していた。原子炉の建設計画をもっているがこの運営等についてはテストケースであるため考慮しなければならないが、関西方面の研究用原子炉であるため研究の自由を守り得ることを強く希望する。予算も一部決定されておることであるから慎重に討議されることは望むことであるが迅速に決定していただきたい。関係官庁の御協力を感謝し今后の援助を御願いする。

議長として■原子力委員に御願いしたい

全員異議なく■氏了承

■委員長

何回も委員会を開かず、重要な事のみ大筋だけを決めてゆくことにしたい。最初にどういう研究をするかについて意見を承りたい。まづ京大側から説明願いたい

■

R・1の製造　物性論的研究　ニュートロンディフラクション、核物理学的研究、医学、化学等の基礎研究を進め、日本の工業を守ることも一つの目的である。従来の加速機において出来ない研究ができる。サイクロトロンによって研究できないもの又、サイクロトロンと相まって研究をする

■

大学としての基礎研究ができるような実験炉を設置したい

■ 東大においても委員と仝じ考えである

■ 中性子線としての原子炉を対象としている

■ 中性子線としての炉として考えている。研究用原子炉として二つの考え方がある。ニュートロンフラックスの●●●を考え基礎研究に主力を置くというのと、ニュートロンフラックスのボリュウーム即ち●●●の対象がある。大学では前者のことをお考えのことと思う

■ 原理的にはその通りであるが、力研と大学の研究はある程度関連がありその重点が多少づれておればよい。基礎研究としてははっきり区別しがたいだらう

■ 基礎研究、中性子線として利用するものであると考えてよいと思われるからそういう考え方で行きたい。それにはどういう型式がよいか。

■ ある時期に良いと思われるものも日進月歩のためその時期において最良のものを選べば良い。主として中性子線として使用する点から考えると10^{13}であればよい。建設費、維持費、操作等の問題を考え、S・P型との結論を出した（京大から水泳プール型選定理由資料配布）教育用という目的にも適している

■ 開放型の京大案を検討したが阪大は物性の研究の歴史があり、タンク型のものを考えている。少し手をかければ10^{14}は可能である

■ 現在のところ10^{13}でよいか

■ 開放型とタンク型とは本質的には変らない

■ フラックス等をあげる場合開放型か●●●●

■ CP―5型を作っているので、これのよい所は利用してほしい

■ 研究用のためであり、予算の枠内で最高のものを作りたい

■ S・Pに二種あるがS・Pの線には異議がないか

■ S・Pという事には異議はない。(大阪側から炉計画案配布)

■ 炉の中でどの部分を購入することにしているか

■最初は全部購入を考えていた。デザインを買うことであっても出来るだけ国産をするが原則としては購入を考えている

■

時間と保障の問題である

■できるだけ国産、保障と時間の問題を考えてゆきたい

■ウォーターボイラー型でも鉄鉱石は国外のものを使用。CP―5はA・M・Fで作るが下請に三菱グループで行う。A・M・Fと三菱の関係は設計はA・M・F、製作は1／3を三菱がやるが責任はA・M・F下にある。日本でも多くのものが作られると思う。三菱は周囲のものを作る。

■炉を買わないと追加ウランをくれないのかどうかわからない。今までの傾向を見ると炉を米国で作るとき濃縮ウランをつけている。インドは英国から●●●を買っている

■大阪の案は燃料エレメントを考えていないのと違うか

この時■次官国会の説明を了えて出席　関係者協議の結果京大の炉の協力体制を作ることを決定し京大にこの旨通知し今回の委員会の開催となった旨挨拶し今后の運営については原子力局、原子力委員会、力研等の御協力を御願いすると共に文部省としても十分の努力をする旨●●。

■計測器類は外国製を使用したい

■A・M・Fは計器類が得意である。力研の時も大部分はA・M・Fが作ると思う

■印度の炉は炉体は設計から製作まで、黒鉛はイギリス、重水は米国　二回目にやっと動いたとの事である

SP型は日本でも作れると思われるが燃料体との関係がある

■二、三回失敗してもその予算が考えられるかどうかである

■日本の計器は●●できないから大事な部分は購入したらよい

■●●●●は日本でも二三カ所製作しているが現在のところは買った方がよい

■使用する者の事を考えると早急に購入すればよい。国産でやるかどうかは作ることが楽しみである人が多いか、少ないかによる。

■型式は●●はSPR、時間的のことを考えできるだけ国産とする　フラックスは10^{13}　一〇〇〇キロワットでどうか。

■オペレーターは全部四〜五〇人位かかる

■燃料はW・Bは最高0・8kgであったが最終的には1・8kgになった　CP―5は現在3・2kgである

■燃料協約の改訂については用意している

■炉の設置場所については京大と阪大で協議されているが今までの経過について

■資料について説明。立地小委員会設置し検討中である旨説明　第一候補として宇治を考えているが排水放流について検討している

■大阪としても宇治という事については予算提出のため早急に決定する必要があるため保留条件をつけて第一候補地とした　大阪大学の公衆衛生関係から異議があるため京都とも協議中である　候補地としては宇治以外に信太山、高砂、多奈川地区であるが京大側の案と比較して検討したい　個人的には宇治、しかし水源の問題があるから十分検討したい

■大阪の三地区は十分な点はない　宇治にした場合　水源　社会問題の点だけである　そのため慎重にやっている。対策が十分であればよい。大阪市民を納得さすまで立地小委員会で審議したい

■候補地を決定することはできない。また新たに調査も行い得ないから数カ所の候補地について詳しく調査して決定したい

■京都は候補地として舞鶴、木幡、長池

■多奈川、信太山、高砂

■東海村の場合は非常に困難な諸点があったが今度の場合問題ではないと思う　汚染のことに対しては十分の注意を要する。設置する炉及び附帯施設によって考えが変わる。現地を見ることが必要である　少くとも数人のものは候補地全部を見る必要がある

■京大阪大にある土地委員会で決めたらどうか　最終決定は本委員会で行う。次回には駒形、佐々木氏にも見てほしい

■水源地である点だけである。その点にウェイトをどれ位おくか　第三者の意見をきいてほしい

■炉ＳＰＲ一基だけが、施設の問題が影響する

■燃料処理は考えていない

■他の炉は併設しない。さきに原子力局で宇治について一応の説明をしたが調査が十分でない点もあったがその后ボーリング等を実施した結果は別紙の通りである。気象調査もすんでいる　汚水処理の方法も考えられている（資料配布）

■炉、小規模なホットラボラトリー、Ｒ・１の製造施設（少量）のものを施設として考えている

■この問題は委員会において決めるべきだ

■東海村の場合米国の使用地区であるため漁業権の問題はない。ケミカルプロセシング、Ｒ・１の生産をやるから問題がある。炉だけなれば問題がないが化学施設を別に取扱うという考え方もある。実際問題として汚染

は余り考えられない

■■燃料操作はやらない。ホットラボから大きなR・1は出さない

■■技術的にはわかるが心理的な問題である

■■京大阪大に小委員会を設置している。近く結論が出ると思う

■■大学連合の原子力センターとなると規模の拡張も将来考えねばならないから汚染の問題も考える必要がある

■■将来のことを考えて十分やっておくことが必要である

■■現在具体的に検討している。候補地については立地小委員会でやり次の委員会でくわしく検討願いたい

■■共同利用の線については前に原子炉、ホットラボラトリーが共同施設、講座は別に考える。運営委員会を設けるという事であった。共同施設には相当人員が必要である。京大の職員がサービスを行うことが考えられる

■■宇治に各大学が前哨地点を置く場合も考えられる

■■共同宿舎は考えられる

■■京都の方で施設を作る事があるだろう

■■人選は運営委員会がやる

■■個人的意見としてオペレーターは相当学識経験者が必要であり、それらの人ではサービス業務●ではやれない。共同管理といっても京大の施設とならないか

■■共同利用の点では私がよく経験している

■■全国的利用となると規模構想を考えなほす必要がある。共同利用に関し同等的立場で利用すると京大が優先権をもつだろう　文部省がもつことになれば大学の連合体でもつことになる

■文部省直轄ではうまくいかないとのことで、京大に附設することになった
■共同施設と考えているが職員は京大である　オペレーターは各大学から出してはどうか
■サービスだけでなく研究部門は考えなかったか　事実上阪大京大の共同施設となるから阪大、京大から部門を出したらよい
■モデルケースとして十分に慎重に行うことで了解願えたらどうか
■児玉案でよいが学術会議の立場からいえば一応のルールは必要であると思う
■管理部門として技官の要求はしてあるが教授、助教授も考えられる
■運営委員会の規定が問題である
■文部省がこのような施設をもつことはできない。大学をはなれてはできない　特殊法人の問題も研究の余地がある
■一大学が専有するような事がないようにしなければならぬ
■宇宙線観測所と全じ様な施設として考えている
■教授会はどうなるか　大学の自治の問題である
■本日の委員会を傍聴して感じた事として一、共同利用するのに喧嘩をする話だけでスタートから感心しない、二、心理的影響とは何か、三、学問的に危険がなければ説得することができないか、という点に疑問がある
■現在までのデーターで安全性を示したが心配しているものがある
■責任をもって安全とはいわれない　ぼやっとした処があるのは仕方がない
■安全な所がなければ潮岬以外にはないと思うが
■最初のことだから十分考える

運営方針、共同施設等について次回具体的に討議することにしたい　佐々木駒形両氏の出席を求め京都で行うことにする　十二月十七日に開催する

今日の会合の結果について文部省から報道機関に次の通り発表する

一、今日までの経過

一、本日の決定事項

研究の目的に照らしてS・P・Rがよい

土地の問題は結論が出ない

二時散会

以上

③第二回設置準備委員会＊原文は横書き。

31・12・17　第2回研究用原子炉設置準備委員会　於　京都大学

出席者

研究用原子炉設置準備委員　14名

文部省

京　大

阪　大

議事概要

1. 原子炉の設置場所については立地小委員会調査結果の宇治、舞鶴、信太山の3候補地について土地選定条件の各項目に対し比較資料を作成し報告があった。

2. 廃水処理ならびに汚染対策について討議があり、これに関連して宇治、舞鶴について討議され土地選定の決定は次回に持ちこすこととなった。

3. 委員会終了後宇治候補地の視察を行った。

配布書類

1. 関西方面に設置する研究用原子炉運営要項案
2. 京都大学、大阪大学合同立地小委員会調査結果
(三候補地比較表及び略図1通)
3. 1000KW水泳プール型原子炉説明要項
4. 廃水の処理方策
5. 蒸発堅固方式による放射性汚染水処理法
6. 宇治木幡附近の気象調査

④**第三回設置準備委員会＊**原文は横書き。

32・1・9　第3回研究用原子炉設置準備委員会（議事概要）　於　文部省

出席者
研究用原子炉設置準備委員会委員　14名
文部省
京大
阪大

議事概要
1．舞鶴3地区について詳細説明があった。
2．宇治地区について事故発生時の対策及び設置計画中の水泳プール型原子炉の安全性の問題について討議された。
3．汚染防止対策の完全履行、監視機構の完備を前提条件として関西地方に設置する研究用原子炉は元第二陸軍造兵廠宇治製造所分工場を第1候補地として設置することに決定した。

配布書類
1．舞鶴3地区調査報告書
2．舞鶴市朝来及び平地区調査資料　付図　6通
3．スイミングプール系研究用原子炉の安全性について
4．続スイミングプール系研究用原子炉の安全性について
5．原子炉の事故発生時の対策
6．原子炉の事故の原因による区分と対策

⑤第四回設置準備委員会

第四回研究用原子炉設置準備委員会決定事項　　三二、四、五

研究用原子炉設置準備委員会は、前回（一月九日）に引続き、研究用原子炉を宇治に設置する場合の防護対策及び監視機構について、具体的な検討を行った。その結果、綿密な対策を講ずることによって、技術的、科学的に放射能汚染を充分に防止し得ることを確認した。また、設置を予定している、スイミングプール型原子炉によって行う実●計画について、関係大学等に照会して広く意見を取り入れて具体化をはかることとした。

文部省としては、準備委員会の結論に基き、さらに研究することとするが、特に、設置場所については、宇治川が阪神地方の水源地の上流に当るため、社会的反対があり、また、防護対策等に要する予算の問題もあるので慎重な考究を加え、かつ、原子力委員会の意見を聞いたうえ善処したいと考える。

議事概要＊原文は横書き。　　32・4・5　於　霞山会館

出席者

研究用原子炉設置準備委員会12名

文部省

京　大

阪　大

議事概要

1. ■委員長の辞任の報告があった。
2. 原子炉及びホットラボラトリーについて討議され委員会名で照会することとなった。
3. 汚染防止対策及び監視機構について説明討議された。
4. 土木建築工事について説明討議された。

配布書類

1. 研究用原子炉設置に要する経費概算要求　1,614,075,000円
2. 原子炉建物建設工事費積算の主要仮定事項
3. 原子炉建物建設工事費予算書　630,370,000円
4. 原子炉の監視機構について
5. 実験所外監視機構整備について
6. 監視機構整備に要する経費調　198,900,000円
7. 宇治に原子炉及びホットラボラトリーが設置された場合の淀川水系の放射性汚染監視のための人的組織について

⑥第五回設置準備委員会

＊原文は京都大学工学研究所の罫紙に縦書き。

第五回研究用原子炉設置準備委員会における議事概要

日時　昭和三十二年八月二十日　午後四時二十分　本部第一会議室

出席者　別紙名簿のとおり

■事務局長　■庶務課長　■会計課長

■会計課長補佐　■事務官　陪席

■委員を議長として議事に入る。

■委員から文部省として第四回準備委員会の決定にもとづき種々の方策を講じたが学問的には宇治設置には何ら支障がないが政治的には社会的反対等を無視することはできない　したがって宇治設置を強行することはできない情勢となったので宇治放棄について御審議願いたい旨説明。

■総長から宇治以外の土地を考慮することになった経過について報告　更に阿武山地区が候補地の一つとして浮んで来たことついて説明があった。

政府の方針として宇治を放棄せざるを得ないということをこの委員会が承認するということで宇治放棄承認。

本日の会合は宇治放棄を議題としたものであるため今後の方法につき種々意見の交換が行なわれ又高槻阿武山を候補地とせんとする経過等について委員から説明があり候補地選定方法につき協議の結果京都大阪両大学側の設置準備委員に阿武山について調査を一任しもし他に変る場合は又委員会で審議するという事が了解された　その后今後の運営方法につき種々意見の交換があり

七時二十分　散会

⑦第六回設置準備委員会＊原文は横書き。

33．2．7　第6回研究用原子炉設置準備委員会　於　霞山会館

出席者
研究用原子炉設置準備委員会12名
文部省
京　大
阪　大
専門委員会委員

議事概要
1．高槻市阿武山に関する立地問題についての経過報告があった。
2．大阪府原子力平和利用協議会小委員会の土地問題あっせんの件について報告があった。
3．研究用原子炉の設置について日本学術会議から照会があり文部省と協議の上回答案を作成した経緯について説明審議の結果回答文を準備委員の連帯責任で提出することとなった。
4．専門委員会組織の性格及び各委員会間の連絡機構並びに各分科会の性格等について説明があって本委員会と相互に緊密に連絡し炉建設のため協力することになった。
5．原子炉仕様書案については全国の研究機関等から求めたアンケートの研究項目を検討し作成したとの説明があった。
6．ホットラボラトリー計画については資料並びに図面により説明があった。
7．汚染処理方法については現在検討中の汚染水、空気の処理方法について中間資料として作成したプリントで説明があった。

配布資料

1. 32・10・5高槻市長から申入れの4条件
2. 32・11・5大阪府原子力平和利用協議会小委員会に対するあっせん依頼
3. 33・1・27日本学術会議原子力問題委員会、坂田委員長よりの「関西研究用原子炉の設置について」の照会
4. 素粒子論グループからの要望書
5. 高槻市、茨木市地図
6. 原子炉分科会資料
   1. 原子炉室建物計画図面　4面
   2. 計画図説明書
   3. 1000kw原子炉試案概略図
7. ホットラボラトリー分科会資料
   1. ホットラボラトリー建物計画図面　2面
   2. 内部設備及び排気一覧表
   3. 廃棄物一覧表（平常時）
   4. ホットラボラトリー関係建物面積調
8. 関西研究用原子炉設置及び運営に関する立案計画、組織の覚書
9. 関西研究用原子炉設置関係委員名簿
10. 原子力関係法令抜萃　7部

⑧第七回設置準備委員会

＊原文は京都大学工学研究所のＢ４横長の罫紙に縦書き。

総長 ㊞
事務局長 ㊞
庶務課長 ㊞
会計課長 ㊞
委員長 ㊞

第七回研究用原子炉設置準備委員会議事概要

日時及び場所　昭和三十三年六月二十八日（土）午前十時　於霞山会館
出席者　別紙名簿の委員のほか
■総長　■学術課長　原子力局係官　■事務局長
■事務局長　文部省■事務官

岡田委員長司会のもとに開会
■総長から■委員を長らく欠員中の委員長に委嘱したこと及び■委員が停年で東大教授を退官のためその後任として現東大工学部長■教授を委員に委嘱した旨の説明があった
■委員長から二月七日の第六回準備委員会以後現在までの経過として昨年末大阪府原子力平和利用協議会から学術会議あてになされた五項目の照会に対し六月初旬学術会議から回答が発せられ設置準備委員会へも学術会議原子力問題委員会■委員長から連絡があったのでその趣旨に沿い設置計画の説明資料を原子力委員会へ提出することにした

いとの説明があった
ついで議題にうつり
一、日本学術会議よりの回答書について
■委員から学術会議においては原子力問題委員会において関西研究用原子炉のみに限定せず原子炉一般の安全性について種々審議がなされた結果炉の安全性について政府に対し申入れが行なわれ又大阪府からの照会に対する回答についても数度にわたり検討の結果個々の項目については回答をせず別紙のような回答が発せられたものであるとその経過について報告があった。
■委員長から大阪府原子力平和利用協議会■会長（副知事）と京阪両大学の設置準備委員が懇談した際大阪府の意向は原子力委員会安全審査部会の審査の結果を知らせていただきたいし又安全対策の検討の進行と共に土地のあっせんの努力をすすめたいようであったと報告
■委員から学術会議に近く原子炉安全小委員会が設けられることになるので既存の原子炉共同利用小委員会とともどもに設置準備委員会の方から炉設置計画について意見の交換をされるようにとの希望があった
二、研究用原子炉およびその付属施設の説明書提出について
■委員から計画資料の作成についての経過およびその内容の概要について説明があった　佐々木委員からこの計画資料についての予備審査と立地問題との関係につき質問があり■文部省学術課長から立地問題については一応大阪府へあっせんを依頼してあるが大阪府としては現在の学術会議からの回答だけで地元を説得さすことは出来ないから予備審査の過程においてこれだけの対策をすれば安全であるとの発表をしてほしい　又将来炉が設置された時汚染の監視機構に地元の代表者を加えてほしい　又事故時最後は国が保障するということを明らかにしてほしい等の希望があったと説明

■委員から学者の意見の交換場所として学術会議の中に作りたい　それはあくまで結論めいた事をやらない　公式的なものは原子力委員会の中の安全審査部会・安全基準部会の中でやる。原子力委員会の下部機構の部会と学術会議の中の小委員会と二つの場所で違った意見が出ることのないよう学術会議における検討途上の議論は懇談的なものであり外部に発表するようなことはしないとの発言があった

■委員から予備審査をうける事に異論はないが予算の裏付けが必要だから文部省としては計画に応ずるような予算を獲得するよう努力されたい旨の発言があった　研究用原子炉およびその付属施設の説明書を原子力委員会へ提出することは承認された

以上で議事を終了

■総長から建設段階に即応し、原子力委員会と予備審査等の連絡●●●関係上専門家の会議も組織したい　従来の設置準備委員会を解散してはどうかとのアドバイスもあるが土地も未決定、設置の大綱も決っていないのでまだその時期ではない。土地の解決の見通しがつくまで従来どおり御協力願いたい　又専門家による建設委員会を組織することについて御意見承わりたいと発言、この新しい専門家による委員会の組織については異議は出なかった

以上で当日会議は終了（午前十一時二十分）

⑨第八回設置準備委員会＊原文は横書き。

34・12・15　第8回研究用原子炉設置準備委員会　於　文部省

出席者

研究用原子炉設置準備委員会11名

文部省 ■

京　大　■

阪　大

議事概要

1. ■委員長の京大教授定年退官による辞任に伴い■委員を委員長に依嘱したことと■京大教授（工学研究所長）■京大教授（工学部長）■京大教授を夫々委員に任命したとの報告があった。

2. 原子炉設置計画資料については原子力委員会原子炉安全審査専門部会において6月29日から12月9日までの間審査をうけた経緯について説明があった。

3. 高槻市阿武山地区及び交野町星野地区を原子炉設置候補地としての案を断念するに至った事と四条畷町室池地区を新たに候補地として追加した経緯についての説明があった。

4. 四条畷町室池地区を候補地とすることについて全員の諒承があった後予算要求（土地購入費）並びに設置承認、建築関係事項について協議された。

配布書類

1. 大阪府北河内郡交野町星田地区及び四条畷町室池地区が夫々設置候補地となった経過並びにそのＰＲ運動について

2. 大阪府外よりの原子炉設置候補地の誘致について

3. 関西研究用原子炉関係委員会開催状況一覧表（33・1・4〜34・12・14）

4. 関西研究用原子炉設置計画資料

（附）関西研究用原子炉予備審査状況一覧表

5. 四条畷町室池周辺地図（１／２５０００）、建物配置計画図、新聞掲載現地写真

6．交野町星田地区及び四条畷町室池地区のＰＲ用パンフレット

⑩第九回設置準備委員会＊原文は横書き。

35．10．17　第９回研究用原子炉設置準備委員会　於　文部省

出席者

研究用原子炉設置準備委員会委員１３名　欠席

文部省

京　大

阪　大

議事概要

1．各委員辞任に伴い　理事長（日本原子力研究所）　原子力局長　大学学術局長　東大教授（工学部長）　阪大教授（理学部）　阪大教授（工学部長）を夫々委員に依嘱したとの報告があった。

2．大阪府北河内郡四条畷町室池地区を候補地と内定したが諸般の事情により確定するに至らなかった経緯について報告があった。

3．研究用原子炉設置協議会の発足より現在に至るまでの経過について報告があった。

4．大阪府下における原子炉設置場所調査（22ケ所）報告があった。

5．大阪府下における原子炉建設適地選考基準（５ケ所）についての報告があった。

6．大阪府下における原子炉建設適地の内誘致のある地区（３ケ所）の技術調査についての報告があった。

7　前記3地区及び周辺市町村の議会並びに住民感情についての報告があった。

8．誘致のある3地区に対する研究用原子炉設置協議会の見解についての報告があった。

A．関西研究用原子炉対策民主団体協議会

B．大阪府及び大阪府議会

C．京都大学・大阪大学

9．大阪府より候補地すいせんのあった場合における関西研究用原子炉設置準備委員会としての採るべき措置について協議があった。

配布資料

1．関西研究用原子炉設置についての経過報告について

（34・12・1～35・10・14）

2．大学研究用原子炉設置協議会の経過について

3．大阪府下における候補地一覧表（22ケ所）

4．大学研究用原子炉建設適地選考基準（5ケ所）

5．精密調査結果の報告（3ケ所）

⑪第一〇回設置準備委員会＊原文は横書き。

36．9．11　第10回研究用原子炉設置準備委員会　於　虎の門共済会館

出席者

研究用原子炉設置準備委員会委員8名　欠席

原子力局
文部省
京　大

議事概要

1．研究用原子炉設置準備委員会は当分の間解散をしない
2．原子炉設置者に対する設置条件として泉佐野市反対期成同盟は海洋投棄並びに日根野地区に宿舎を建設すること
　を申しでている
3．原子炉設置承認申請については次のことが確認された。
イ、設置者は文部大臣名とすること
ロ、泉佐野市反対期成同盟との話合いがついていること
ハ、原子炉実験所の経費については大蔵省に諒解を求めること
ニ、審査に要する期間及び承認の時期については何らの申し出もしない
ホ、現地における審査及び承認の時期には反対運動がなくなっていること
4．下記配布書類によって大きい事項について説明があった。
イ、敷地の選定並びに購入について
ロ、熊取町周辺地区の原子炉設置反対運動について
ハ、原子炉製造業者の選定経過並びに契約締結について
ニ、原子炉設置承認申請書提出について
ホ、原子炉実験所の構想について

へ、原子炉の建設工程計画について

ト、原子炉施設の経費概要

⑫関西研究用原子炉の設置問題について＊原文は横書き。

わが国原子力平和利用開発計画の一環として、全国大学研究者の共同利用のための関西研究用原子炉の設置は、既に原子力開発長期基本計画に確認されているものであり、日本学術会議としても、かねてその設置の促進を強く望んで来たものであります。

本件に関し、重ねて貴協議会よりおたずねがありましたことについては、日本学術会議は次の如き処置をとっております。

1．関西研究用原子炉の設置についての最終的決定は、法の定めるところにより日本政府において行うべきものであることは言うまでもないことでありますが、所定の手続にしたがった最終的認可申請書の提出されるに先だって、原子力委員会があらかじめその内容を把握し、設置準備進行の諸過程を明らかにしておくことが必要と考えられるので、ただちに関西研究用原子炉設置準備委員会より、原子力委員会に必要な諸準備設計を提出し、原子力委員会としては、検討可能な部分よりとりあえず検討を開始されるよう、両者についてあっせんをいたします。

2．原子力委員会がこの件について検討を行われるに際し、最も大切なことは全国関係学者の意見を充分に反映することであり、日本学術会議としては、これを強く同委員会に要望すると共に、本会議としても、今後この問題についての検討を継続し、また一方、全国学者のこの問題に対する関心を高め、それによって充分学者の意見が反映するよう努力をいたします。

＊本文書は一九五八（昭和三三）年一月二七日に日本学術会議原子力問題委員会坂田委員長より設置準備委員会に送付されたものと判断される。

昭和33年2月7日

日本学術会議原子力問題委員会委員長　■■■■■殿

関西研究用原子炉設置準備委員会

関西研究用原子炉の設置について（回答）（案）

1月27日付学発第71号の貴翰拝受いたしました。本委員会は、貴委員会が原子力に関する種種重要な問題の解決に常に適切な指針を与えられ、わが国原子力の研究開発に一方ならぬ貢献をなされておりますことに対し深く敬意を払っております。

さて、御照会のありました関西研究用原子炉の設置につきましては、御承知のとおりいろいろの経緯がありましたが、昨年8月20日に開催した本委員会第5回会議におきまして宇治に設置する案を放棄することに決定するとともに、新たに設置場所として大阪府高槻市阿武山附近を候補地に挙げ、京都大学および大阪大学から推せんされている8人の委員に対し、これが設置について地元との折衝を委任いたしました。

じらい8人の委員は設置について鋭意努力してきましたが、地元の納得を得るにいたらなかったのであります。たまたま大阪府原子力平和利用協議会はこの事態を重視され同小委員会より協力方を申しでられましたので、本委員会としては、文部省とともにこの好意を受け、同小委員会に対し地元の納得を得るようにあっせんを依頼したのであります。その後、大阪府の同小委員会は非常な尽力をされましたが、設置にともなう安全性について遺憾ながらなお地元の納得を得られない段階にありますので、大阪府原子力平和利用協議会および同協議会小委員会は、最も権威ある日本学術会議に対し意見の表明を願いでられたものと思います。

経過の概要は以上のとおりでありますが、本委員会としましては、研究用原子炉を上記地区に設けることについては、学問的技術的に十分安全になしうると確信し、そのため諸般の準備を進めている次第でありまして、事情御勘案のうえ、実現のためなにぶんの御協力を得ればまことに幸甚に存じます。

なお、原子炉の設置計画等につきましては、本委員会として資料を準備いたしておりますので、御要望により提出いたしたいと存じます。

⑬関西研究用原子炉設置候補地の選定基準＊原文は横書き。

一般にある施設の立地選定を行う場合に考慮すべき点は、まず、その設置目的または利用の立場からみた場合の優劣、建設費または維持費の経済性、さらに対社会的ないしは対周辺的な問題であろう。

原子炉を設置する場合もその例外ではない。すなわち建設費と維持費が低廉であるとともに、研究施設であれば研究のための環境条件が便かつ快適なことが望ましいことはいうまでもない。

しかし、ここで問題となるのは原子炉周辺に対する公害防止の点である。もちろん、これとても既往の工場施設等の建設にあたって、この種の問題を考慮せざるをえなかった実例も少なくない。ただ、原子炉の場合、これが大量の放射性物質を生成し、放射線を直接取扱う施設であるということのために、その公害防止対策には他の一般施設とは異なった考慮が必要なのである。すなわち、放射線の人体に及ぼす影響が大きくかつ特殊なことなどから考えて、施設内の従業員はもちろん、施設周辺の一般住民に対しても放射能による障害をおよぼすことのないよう万全の措置をこうずることが、原子炉設置に当って考慮すべき第一の条件であって、立地選定のこの観点からなされなければならない。

まず、平常運転時の公害防止についてみると、この場合問題となるのは放射性廃棄物の処分である。しかし、少くとも平常時においてこれを十分安全な段階にまで処理し、かつそれを確認し、さらに施設外へ放出の後も監視することは技術的には可能である。したがって技術上これが立地選定上決定的な条件となることはない。ただ施設を建設し、十分の維持費を確保するための経済的な面からの得失が問題となるだけである。

ついで考えるべきものは事故時の安全対策である。事故時における公害防止は本質的にはつぎの安全対策によって確保される。まず本来の機能上、事故とくに大規模の事故を起す危険性の小さい炉であること。ついで、もし事故が起ってもその影響が施設内部に局限されるようなものであることである。この2点によってほとんど公害防止の目的は達成されるので原子炉の計画や設計の段階においてまずそのように配慮すべきである。したがって、もし完全に上記の2点で安全性が確保できるような炉については、公害防止の意味からの立地条件にもはや問題とならないであろうし、逆に、技術的にも未経験の大規模原子炉については立地条件は厳重なものとなろう。

いいかえれば、前者のような原子炉については立地条件は、全く仮想的な大事故や災害に備え、または現段階における社会心理的な安心感をうるための一手段として解するべきであろう。いずれにしても原子炉設置の立地条件は、具体的には原子炉の用途、型式、規模、施設計画の内容等と一体として考えるべきものである。

したがって、ここでは問題としている関西研究用原子炉を対象とした設置候補地の選定基準について述べる。

1．敷地

(1) 半径300メートルの隔離距離がとれること。

計画されている水泳プール系原子炉は、その本来の性質上いわゆる負の濃度係数をもち、核分裂が急激に増大して温度が急上昇すると自動的に反応が抑制せられるので暴走するとは考えられない。しかし、万万一の災害または事故時に対処するため半径３００メートルの隔離距離をとることが望ましい。

もちろん、この隔離距離は原子炉の型式、出力その他種々の立地条件によって異なるほか、さらに原子炉を格納する建物の構造によっても大いに異なる。すなわち、暴走時に炉から放出される放射性物質を格納建物外に漏洩させる率は、その構造によって支配されるからである。本計画では、原子炉建物として円筒形の鋼板、鉄筋コンクリート併用構造が採用され、耐圧、気密性に設計されているので、最悪の環境条件のもとで全く仮想的な最大事故を想定しても、原子炉よりおよそ３００メートル以上距(へだ)った所に居住する人々がうける放射線量は問題にならない程度（５レム）と考えられる。したがって、敷地としておよそ半径３００メートルの円形領域約２８万平方メートル（約８～９万坪）の広さを確保することが望ましい。

（２）平坦地４万平方メートル（１万坪余）の造成が容易であること。

研究の能率を高め、諸種の管理の完全を期するためには原子炉を中心として各種の建物は合理的に配置しなければならない（目的の同じ建物はできるだけ同じ区域にまとめる）。このためには、本計画では約４万平方メートルのかなり平坦な敷地を必要とする。したがってこの区域は敷地造成が容易な平坦地であり、地盤は適度に堅固なものであることが望ましい。

２　水利、排水および治水

（１）使用水量１日最大約２０００トンが容易にえられること。

使用水の大半は炉の冷却用および炉室、実験室等の冷暖房用水である。もちろん、冷暖房の方式や季節によって必要水量はかなり相違するが、最大１日約２０００トンの水は確保する必要がある。したがって、既設上水道より給水をうけることが原水処理の必要もなく最も望ましいが、配水管施設にはかなりの経費を必要とするのでその経済性について十分検討する必要がある。また、上水道源が附近にないところでは、良好かつ豊富な地表水または地下水がえられなければならないが、多くの場合、地表水には既設取水権があること、地下水は地勢、地質のいかんによってどこでもえられるものではないことに十分留意する必要がある。

（2）排水に支障がないとともにいかなる場合にも安全な対策がとりうること。

排水はすべてその放射能が一般人に対する法律で定められた制限濃度（10^{-8}マイクロキュリー／立法センチ）以下となるまで十分処理し、これを確認して所外に放流されるので、自然放射能をもつ一般下水となんら相違しない。したがって、下流にいかなる上水道源が存在しても、その上流にこの炉を設置してはならないという理由はない。しかし、一般に、原子力あるいは放射能に対する認識の少ない現段階では、下流住民におよぼす心理的影響（十分の理解と協力がない場合は誤解によって問題を起しやすい）および排水の処理ならびにその効果（10^{-9}マイクロキュリー／立法センチ）の確認に要する経費、時間、労力、測定誤差等を考慮して、意見書にもあるように、できうれば上水道源に排水が流入しないよう措置することが望ましいと思われる。

なお、直接海に排水する場合は、もちろん本計画では放射能に関する問題はないが、既設定の漁業権、海水浴場等に関連して問題を起されやすいので、十分の配慮が必要である。

（3）洪水、高潮のおそれのないこと。

既往洪水による氾濫区域はさけるのが望ましい。もし洪水のおそれのあるところでは、盛土、築堤などによって十分の洪水防禦対策がこうぜられねばならない。また海岸附近では、既往最大高潮位（大阪湾では約5メートル）以下の地域はさけることが望ましい。もし高潮のおそれのあるところでは海岸堤防などで十分の防潮対策をこうじなければならない。

しかしながら、上述のいずれの場合も建設費に大きい影響をおよぼすので十分の考慮が必要である。

3　地質および地盤

（1）軟弱な地盤でないこと。

原子炉本体の重量は約１４００トン、その支持面積は35～40平方メートルであるから、約40トン／平方メートル以上の支持力のある地盤が望ましい。もちろんこの値は支持部の構造設計いかんによって相違することはいうまでもない。ここに、参考のために種々の地盤の許容支持力を示すと、粘土：10～25、砂：20～30、砂利40～60、軟岩70～１００、硬岩２００～４００トン／平方メートルである。

なお、地震時地盤が施設におよぼす加速度ができるだけ小さいように耐震的な見地からも堅固な地盤が望ましい。

（2）地震歴の少ないこと。

地震の被害を最小限にするため、なるべく地震の少ないところに設置することが望ましい。原子炉施設は建築基準法の規定震度の１・５倍の値を用い、かつ十分な安全率をみこんで設計されるので既往大地震に対しても十分安全である。

（3）断層上でないこと。

断層は地質学的な弱点を形成し、将来施設に悪影響をおよぼす可能性があるので、大規模なものはもちろん局部的な小規模のものもさけること。

（4）地辷（すべ）り、山崩れのおそれのないこと。

地形が急でかつ地盤が軟弱なところでは、帯水によって地辷り、山崩れが発生しやすいことからこのようなところはさけること。

4　気象

（1）良好であること。

研究上、施設の維持上気象条件が良好、快適であることが望ましい。

（2）気温逆転の少ないこと。

排気中に含まれる放射能は、一般人に対する制限濃度（10^{70}マイクロキュリー／立法センチ）として煙突から放出されるので問題にならない。しかし、さらに大気の拡散効果を確実かつ大ならしめるため、気温逆転（地表附近の方が上層部より気温が低いこと）の程度あるいは頻度が小さいことが望ましい。

5　交通

（1）京都および大阪在住の職員、研究員の通勤が可能であることが望ましい。

実験所の運営、利用等の便利さから京都、大阪からの通勤が可能であり、片道所要時間は1時間半以内であることが望ましい。

（2）道路状況が良好であること。

実験所開設後における使用済燃料や廃棄物の搬出が確実、安全容易に行われ、また、建設時に原子炉部品（最大約3×3×10メートル）の搬入が容易なこと。すなわち、既設の幹線道路と敷地を結ぶ道路は第2級国道（巾員5・5メートル、曲率半径100メートル以上、勾配8パーセント以下）を標準とし、舗装されることが望ましい（新設の場合は1キロメートル当り5千万～1億円の建設費を要する）。

6　電気

1000キロワットの電力が容易にえられること。

送電線建設には1キロメートルにつきおよそ1千万円を要するようであるが、変電所から敷地までの距離はできるだけ短いこと。また、停電事故に対処して、できれば系統を異にした2つの電源がえられることが望ましい。

7　ガス

都市ガスが容易にえられることが望ましい。

ガス管の敷設には、それを埋設する道路の状態、とくにその表面状況によって相違するが、かなりの経費を必要とする。したがって分岐できるガス管端から敷地までの距離はできるだけ短いことが望ましい。

8　土地購入

（1）土地入手（購入）が容易であること。
一般的には地主の数が少なく、かつ地主が原子炉建設に対して十分の理解をもっていることが必要である。
（2）土地価格が安価であること。
文部省の年間土地購入予算から考えて、あまり高額の支出は望めない。したがって上の諸条件とは相反するが、いきおい現在利用度の低いところということになる。これらの観点から国有あるいは公有地が望ましいことになる。

⑭関西研究用原子炉設置経過一覧表＊原文は横書き。

31・11・30　京大、阪大、東大、日本学術会議など関係者15人よりなる関西研究用原子炉設置準備委員会発足。
32・1・9　宇治市旧陸軍造兵廠跡（国有地）を候補地に決定。
4・6　宇治案に淀川下流の阪神各都市が反対、同案は白紙還元となる。
8・15　高槻市阿武山が第二候補地として浮ぶ。
8・26　茨木市反対期成同盟結成。
11・5　文部省が大阪府に敷地選定を依頼。
12・24　大阪府原子力平和利用協議会が原子炉の安全性について日本学術会議に意見を求める。
33・3・15　阿武山案に地元三市一町（高槻、茨木、吹田、三島）協議会が反対。

12・9　原子力委員会安全審査専門部会は審査結果を三項目の意見書として回答。
34・2・5　阿武山案断念。
3・26　大阪府は第三候補地として北河内郡交野町星田地区を発表。
3・31　交野町案に隣接の水本村、枚方および寝屋川市が反対決議。
6・29　交野町へ候補地として正式申し入れ。
8・15　交野町説明会で反対派が町長、府議などに暴行。
8・27　大阪府会原子力平和利用促進委員会が府へ地元との折衝打切りを申し入れる。
12・7　北河内郡四条畷町が第四候補地として浮ぶ。
12・17　四条畷町会議員および大東市住民代表、府へ反対陳情。
12・20　大東市の原子炉説明会が反対派の妨害で流会。
35・1・16　四条畷町および大東市住民〝白紙還元〟を再び府へ陳情。
4・11　革新団体を加えた「大学研究用原子炉設置協議会」（註1）発足、従来の候補地を白紙に還元。
5・12　原子炉設置に伴う住民の不安を除くための監視機構に関する大阪府条例、規則、運営要綱案などを作成。
5・17　泉南郡熊取町が協議会に原子炉誘致を申し入れる。
5・30　南河内郡美原町、つづいて河内長野市も誘致を申し入れる。
6・3　大学が独自の立場で新候補地の調査開始。（註2）
7・12　協議会は大学の調査結果にもとづき堺市泉ヶ丘、河内長野市広野、和泉市北池田、泉南郡熊取町および南河内郡美原町平尾の五地区を適地として発表。

7・31　泉佐野市が熊取誘致に対して反対期成同盟を結成。
8・20　五つの候補地のうち誘致のあった熊取町、美原町、河内長野市について大学は精密調査を開始。
9・7　美原町誘致に隣接羽曳野市会が反対決議。
9・28　原子炉監視機構条例（註3）を府会で可決。
10・5　南河内郡登美丘町会が河内長野市および美原町への誘致反対を決議。
10・12　大学の精密調査結果にもとづき新候補地に熊取町朝代地区を内定。
12・9　第17回協議会において全会一致で熊取町朝代地区を原子炉設置の最適地として確認。
12・30　泉佐野市の「熊取町原子炉設置反対期成同盟」代表が大阪府副知事に熊取町案撤回を申し入れる。
36・3・22　「同期成同盟」および「原子炉反対泉州共闘会議」は大阪府会に対して大規模な設置反対陳情を行った。（註4）
3・31　大阪府泉南郡熊取町大字野田797番地314筆公簿面積49，516坪実測面積約55，000坪の売買契約を締結し移転登記をも完了した。
5・13　全町議団結して原子炉設置を推進してきた熊取町の代表、町長、町議会の議員全員が工事の促進方を京都大学に陳情。
6・9　4月下旬より同日まで泉佐野市の「反対期成同盟」は数十回にわたり京都大学に熊取町設置反対を陳情。
6・10　大学はすでに買収を完了した敷地に標柱及び境界杭の杭打完了。
6・13　第19回協議会において大学は「反対期成同盟が誠意をもって話し合いに応じるならば一時工事中止する用意がある」と言明、協議会はこれを了承し、同盟本部にその旨を通達。

7・5　泉佐野市反対期成同盟は総会を開き設置協議会の提案について協議、大学と話し合うことを決定。

8・2　設置協議会、反対期成同盟、大学との第1回三者会談を行った。

8・8　第2回の話し合いが行なわれ反対期成同盟は絶対反対から設置条件についての具体的な話し合いにふみきった。

8・11　第20回協議会において過去2回にわたる三者会談についての世話人よりの経過報告があった後あっせん小委員会を選出した。

8・17　第3回会合後、三者同道して現地視察を行った。

9・14　京都大学より上申の原子炉設置承認申請書が文部省より科学技術庁に提出された。

10・14　あっせん小委員会による反対期成同盟との交渉経過について中間報告があった。

11・11　反対期成同盟、あっせん小委員会と大学との三者によって最終協議の結果、熊取町朝代地区に研究用原子炉を設置することについて円満解決される見通しがついた。

11・13　協議会（22回）は小委員会の提案したあっせん条件を了承した。

11・17　反対期成同盟は協議会の提出したあっせん条件を受諾し「研究用原子炉設置に伴なうおぼえがき」に京都大学研究用原子炉建設本部長と調印、交換し円満妥結した。

12・1　京都大学原子炉実験所建設工事起工式を挙行した。

37・1・17　原子炉監視機構条例が施行され大阪府原子炉問題審議会が発足した同日をもって35・4・11発足した大学研究用原子炉設置協議会が解散された。

2・24　原子力委員会原子炉安全専門審査会においては申請書受理以来この研究用原子炉のために6回の審査会と7回の部会を開催し2回に渉り現地審査を行ってその安全性について最終報告がおこなわれた。

（註１）大学研究用原子炉設置協議会委員構成
大阪府議会代表５名、関西研究用原子炉設置協力会代表２名、関西研究用原子炉対策民主団体議会代表７名、大阪府吏員２名、関係大学専門家３名、合計１９名
（註２）大阪府下１６市町村２２地区につき地質、水利、建設の難易、環境につき科学的調査開始
（註３）大阪府原子炉問題審議会
（註４）熊取周辺の泉佐野市を除く岸和田市、貝塚市、田尻町、泉南町はいづれも静観、現在まで反対運動なし。

⑮研究用原子炉宇治設置反対決議

今般関西地方に設置される研究用原子炉の用地として、宇治旧陸軍火薬製造所跡地を第一候補地として決定されたのであるが、同所は、阪神地区各府県市町村が唯一の水道源とする淀川流水の上流に位置する関係上、我々六百万関係住民は、上水道の水源汚染を深く憂慮し生存上多大の脅威と不安を感じている現状である。

我々は、徒らに原子炉設置そのものに反対するものでなく、むしろ、これが積極的なる研究利用を望むものであるが、研究用原子炉設置準備委員会が同所を第一候補地として決定するに際し付せられた安全保障に関する二条件たる宇治川汚染防止並びに監視機構の完備について、その完全履行を危惧せられ、且つ、学界の一部にさえも反対意見の存する現段階においては我々は、研究用原子炉宇治設置に対しては、断固反対する。

右決議する。

昭和三十二年二月一日

原子炉宇治設置反対協議会

大阪府会議長
大阪府知事
大阪市会議長
大阪市長
岸和田市会議長
岸和田市長
泉大津市会議長
泉大津市長
貝塚市会議長
貝塚市長
堺市会議長
堺市長
布施市会議長
布施市長
枚岡市会議長
枚岡市長
松原市会議長
松原市長
和泉市会議長

枚方市長
八尾市会議長
八尾市長
大東市会議長
大東市長
河内市会議長
河内市長
守口市会議長
守口市長
高槻市会議長
高槻市長
泉佐野市会議長
泉佐野市長
寝屋川市会議長
寝屋川市長
池田市会議長
池田市長
茨城市会議長
茨木市長

和泉市長
吹田市会議長
吹田市長
豊中市会議長
豊中市長
枚方市会議長

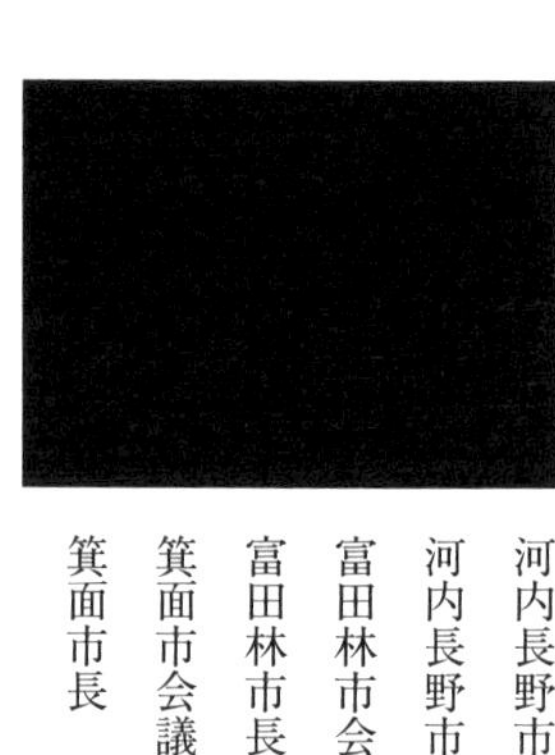

河内長野市会議長
河内長野市長
富田林市会議長
富田林市長
箕面市会議長
箕面市長

⑯宇治市議会の意見書

関西研究用原子炉設置反対に関する意見書

本市内旧陸軍火薬製造所木幡分工場跡が関西研究用原子炉設置の第一候補地として決定されているが　本施設については　水源汚染及び空気汚染等の問題につき万全の策を講じ、いささかも不安の余地なきものとする旨強調されているが、安全保障に関する条件の完全履行の可能性とその効果についても専門学者間において異論の存することは事実である。これがため、一般住民に与える社会的不安も少なからず、又、この地は人家密集地に近く、耕作地も近接し、且、阪神地区水道水源地上流でもあり、住民が保健衛生上極めて重大な恐怖と危険にさらされ、社会不安の増大を招くに至ることは明かである。本市議会は、原子炉設置そのものには反対するものでなく、むしろ、これが積極的な研究利用を望むものであるが、関係住民の深刻なる不安と動揺を無視して、ここに設置されることには、断固反対するものである。

よって政府は、住民不安を解消し、原子力平和利用促進のため、原子炉設置場所を他の適当なる場所に変更せられるよう強く要望するものである。

右地方自治法第九十九条第二項の規定により意見書を提出する。

昭和三十二年七月二日

宇治市議会議長 ■■■■

内閣総理大臣
文部大臣
宛

衆議院議長
参議院議長
原子力委員会委員長
研究用原子炉設置準備委員会
委員長
宛同文陳情

昭和三十二年七月二日提出
宇治市議会議員一同

⑰池本宇治市長の文書（昭和三二年七月六日、京都大学工学研究所長宛）

この結論への私としての理由

市長 ■■■■

こんどの市会には、東京よりの帰途車中から発熱し、出席できなくなって申訳なかった。幸い普通の案件には別段のものもなかったが本案の議決に欠席を余議なくされたのは遺憾であった。

この文面は後で見た。とも角、自分の理由とする処は下記の通りだので、後日のため茲(ここ)にはっきりさしておきたい。それは二つである。その一つは学説の汚染の完全防止可能論は信じるがその裏付予算がどうも今に至ってもはっきり見透しを得ないこと。その二つは当地としての所謂環境である。即ち、当地は文化観光の一応の既成地でこれを獲得しても今更差したるプラスでもあるまいし、また土地の重要産業たる茶業界の反対もあるしというのである。総べて事の決定には「時」というものがあり、今になお不安定のものならば早々無為無策のかっこうであなた任せばかりであるべきでもなく、ここらが仕切り時だとしたのである。

自分は、これまでに京大等の学術論には十分傾聴してきた、またすべてに絶対のないこともわかっている。これらの点で全国的には勿論市内にも沢山賛成乃至認容論者のあることを知っている。だが、実際論としては、純学術論と共に生きた政治行政面もあわせ考えなければならない。ここらの事情で自分は早くから賛否市民の意志も考え、また市会等もちぐはぐになるべきでないことを表明してきた。その帰結がここになったものと考えてもらいたい。実際面の一例としては、茶業界の正面切っての科学的異論はとも角、仲間的流し宣伝の効き目が怖いといわれた方に耳を傾けしめられたというようなのが実際である。だからここではっきりしておきたいのは、この結論は、学問軽視でなく、むろんありきたりの反対論に押されたとか、追徒とかいうのでなく、十分情勢判断の時間の余裕をもっての市独自の判断による幕下げであると考えてもらいたい。

各関係方面でも、よく考えてもらえば、当市の真意を了解してもらえるものと思う。

あとがき

　私の公立中学校最後の赴任校は宇治市立木幡中学校でした。非行問題の指導に追われる日々……、家庭訪問や生徒指導のため、本書で明らかになった原子炉設置予定地や木幡池周辺などに何度も足を運びました。二〇〇五年~〇八年にかけてのことです。

　暴力・非行を繰り返す男子生徒たちではありましたが、社会科の授業にはよく食いついてくれました。原子力発電所の是非についての討論や、イラク戦争など中東の情勢、沖縄の基地問題など日本の平和問題にも強い関心を示しました。

　前任校である宇治市立槇島中学校での社会科の実践については、『新ぼくらの太平洋戦争』（二〇〇二年、かもがわ出版。日本図書館協会選定図書）にまとめていましたが、木幡中学校在任のころは没八〇年（二〇〇九年）の節目だった山本宣治関係の著作数冊に専念していたこともあり、地域の歴史には不案内でした。「戦争遺跡に平和を学ぶ京都の会」に所属し、陸軍宇治火薬製造所については調べていたのですが、戦後この製造所跡に原子炉建設計画が持ち上がり、反対運動が起こっていたことを玉井和次さんから聞くまで全く知らなかったのです。

　玉井さんは、戦後の宇治市の原子炉反対運動を丹念に調べておられました。その精緻さは本文を見ていただければよく分かります。本書は玉井さんの研究なしには出版できませんでした。玉井さんは新聞や宇治市議会の史料、大学や研究機関が所蔵する史料をコツコツと収集しただけではなく、原子炉設置反対運動を担った方々のご子孫等を訪ね、詳しい聞き取り調査も重ねてきました。

「宇治原子炉設置反対運動史研究会」では、２ヵ月に１回のペースで玉井さんをチューターとして学習会を重ねました。また、市民向けのフィールドワークなども実施しました。

学習会のなかで私たちが討議したテーマは３つあります。

一つ目は、政権による原子炉設置決定を覆した住民運動についてでした。テーマとなった「なぜ住民は勝利できたのか」という問いは、「もし敗北し、宇治市に原子炉ができていたら、今はどうなっているか」という問いにもつながります。

二つ目は、これだけ激しい住民運動が展開されたのに、「なぜ現在にその歴史伝わっていないのか」という問いです。宇治を中心に近現代史の掘り起こしを続けてきた私が、恥ずかしいことに自分の勤務する校区の歴史を知らなかったのです。『宇治市史』本文にも記載はなく、年表に一行だけ書かれているだけでした。

三つ目は、科学者の役割についてです。玉井さんの論考で詳論されるのは、京都大学の湯川秀樹と大阪大学の槌田龍太郎です。前者が推進し、後者が反対した原子炉設置計画の歴史は、人間ドラマを見るようです。この部分での玉井さんの筆にはとりわけ力を感じます。

今、福島原発事故後にたまり続けている放射能汚染水（政府は「処理水」と呼んでいます）の海洋放出をめぐり、大きな議論や運動が起こっています。また、休止していた原子炉の再稼働が始まっています。歴史に学ばない人びとは、目先の利害だけで動こうとして失敗を重ねてきました。世界で初めて成功した、宇治原子炉設置反対運動の歴史に学ぶ意義は大きなものがあると自負しています。

本書を東日本大震災一〇年の節目の年に出版できたのは、玉井さんを中心に例会を続けてきた研究会の仲間と、それを支えてくれた方々のおかげというほかはありません。心からお礼申し上げます。

本庄　豊（宇治原子炉設置反対運動研究会会員）

二〇一八年六月に第二の仕事を退職してから、調査研究を再開しました。出版は初めてのことですので、事実関係について検討することの大切さを痛感しました。そんな時には、中学・高校時代に大好きだった数学の勉強を思い出しました。

ユークリッド幾何学の公理に「同一直線上にない三点Ａ、Ｂ、Ｃを含む平面はただひとつ存在する」とあります。事実を一つ発見しただけでは満足せず、違う書物や証言から、事実を発見する作業に没頭しました。この観点から、３人の結節点を見つけ出すこともできました。新聞と書物だけでは事実を見いだせないこともありました。関係者への面談は私にとって貴重な体験であり、事実を見極めるうえで大切な作業でした。

多忙ななか、時間をとっていただき貴重なお話をお聞きさせていただいた平岡久夫さん、小山茂樹さん、林屋和男さん、加藤利三さんには本当に感謝いたします。また、京都市伏見区淀の調査に行った折に、木田明さん宅を訪問しました。木田さんは戦後まもなくより退職まで宇治市内で教職におられ、平岡久夫さんが東宇治中学校の教え子であることもわかりました。多くの面談に同行して頂いた石原浩美さんには感謝の言葉以外にありません。

研究会の皆様には、二か月ごとに開催した研究会にご多忙にもかかわらずご参加いただき、議論したり、貴重な御意見をいただいたことを感謝いたします。

京都大学基礎物理学研究所および京都大学複合原子力科学研究所からは貴重な資料提供をいただきまし

た。記して御礼申し上げます。

この調査研究で痛感したことは、当時の事実を刻銘に文字として残していただいた先般諸氏への感謝です。インターネットやスマホにより文字文化が希薄化している今日の状況を考えると、意見の相違はあっても、文字として後世に残すことの重要性を痛感しました。

最後になりますが、本書出版に際して群青社の中間重嘉さんには編集・構成などに多大なご尽力をいただいたことに感謝いたします。

二〇二一年八月

玉井　和次

著者略歴

玉井　和次（たまい　かずつぐ）

1948年京都市伏見区生まれ。京都市立日吉ケ丘高校卒業。1967年電電公社（現ＮＴＴ）入社、2008年退社。1967年立命館大学Ⅱ部経済学部入学・卒業。1989年宇治市木幡に転居。（一社）宇治高齢者事業団理事（2013～2018年）。宇治原子炉設置反対運動史研究会員。

宇治原子炉設置反対運動史研究会

足立恭子、阿部裕一、○奥西知子、奥西正史、上條亮一、玉井和次、中西伸二、本庄　豊、平井美津子、山口利之、山崎恭一、山本　昭宏（○会長）

会連絡先；ujigennshiro@apost.plala.or.jp

京都宇治原子炉
世界初の反原子力住民運動の記録

2021年10月21日　初版発行

［著者］玉井和次
宇治原子炉設置反対運動史研究会

［発行人］中間重嘉

［発行所］群青社
〒151-0061 東京都渋谷区上原3-25-3
電話03-6383-4005 FAX03-6383-4627

［発売］星雲社
〒112-0005 東京都文京区水道1-3-30
電話03-3868-3270 FAX03-3868-6588

［印刷所］モリモト印刷株式会社
〒162-0813 東京都新宿区東五軒町3-19
電話03-3268-6301 FAX03-3268-6306

ISBN978-4-434-29576-8 C0036
＊定価は表紙裏に表示してあります。